迪奥时尚图典
优雅着装的秘诀

[法] 克里斯汀 · 迪奥 著
酒窝酱 译　五爷hey 绘

THE LITTLE DICTIONARY OF FASHION

CHRISTIAN DIOR

東華大學出版社
· 上海 ·

图书在版编目（CIP）数据

迪奥时尚图典 / (法) 克里斯汀 · 迪奥(Christian Dior) 著；酒窝酱译；
五爷hey绘. 一上海：东华大学出版社, 2022.8
ISBN 978-7-5669-2076-8

Ⅰ. ①迪… Ⅱ. ①克… ②酒…③五… Ⅲ. ①女性－服饰美学－图集
Ⅳ. ①TS976.4-64

中国版本图书馆CIP数据核字(2022)第101959号

责任编辑：徐建红
书籍设计：五爷hey

出　　版：东华大学出版社（地址：上海市延安西路1882号　邮编：200051）
本社网址：dhupress.dhu.edu.cn
天猫旗舰店：http://dhdx.tmall.com
销售中心：021-62193056　62373056　62379558
印　　刷：上海盛通时代印刷有限公司
开　　本：787mm × 1092mm　1/32
印　　张：5.5
字　　数：150千字
版　　次：2022年8月第1版
印　　次：2022年8月第1次
书　　号：ISBN 978-7-5669-2076-8
定　　价：87.00元

出版说明

克里斯汀·迪奥（Christian Dior）是一位了不起的时装设计师，他的许多作品设计风格经典优雅，具有划时代的意义。他在 1947 年推出的“新风貌”（New Look）时装系列轰动了巴黎乃至整个西方世界，从而使以他名字命名的 DIOR 品牌开始引领 20 世纪五六十年代的时尚潮流。直到今天，DIOR 品牌依然引领着世界时尚潮流。迪奥先生在生前将他对时尚的理解提炼成文字，按照英文字母排序后集结成册出版，书名为 *THE LITTLE DICTIONARY OF FASHION*。这本书除了由于出版日期较早，书中插图质量在今日看来不够理想外，书中的各种观点历久弥新、永不过时。

这本新出版的中文版《迪奥时尚图典》不仅用流畅、优美的译文准确还原了迪奥先生在原著中表达的观点，而且邀请了人气时尚插画博主重新为全书绘制了精美插图，插画博主还专门从普通人穿着搭配的角度，为这些插图编写了图注。因此，本书可谓深入浅出，既有设计大师对时尚的精辟解读，又有充满时代气息的时尚绘画作品，是经典与时尚的完美融合，可读性、观赏性极佳。

《迪奥时尚图典》装帧精美、小巧可爱、文字轻松、图片养眼，方便读者随身携带、随手翻阅，可以作为女性优雅着装的实用指南。专业人士也可以将其作为经典藏书，每隔一段时间拿出来看看，在欣赏美图美文的同时，从书中获得新的创作灵感。

东华大学出版社 · 东华时尚

Content · 目录

A

B

C

D

ACCENT—ARMHOLES

“

Anything you do, work or pleasure, you have to do it with zest.

”

Accent · 个人风格

想把设计师设计的服装变成你自己的衣服，重要的是穿搭时要突出个人风格。

个人风格必须保持一贯，包括佩戴胸针的位置、蝴蝶结的系法、如何折叠丝巾、挑选哪种颜色的鲜花……这些事情带有个人色彩，没人比你自己做得更好。

不过要当心，过犹不及。如果你打算借助服装的颜色体现个人风格，需要慎之又慎。记住，除非你有专业眼光，否则一套衣服上用两种颜色足矣。

如果你喜好既华丽又优雅的穿衣风格，那么这款套装可能与你适配，精致的粗花呢外套与荷叶边衬衫搭配多股水晶项链，将华丽优雅的风格发挥到极致。

Accessories · 配饰

对于穿着打扮精致优雅的女性来说，配饰是必不可少的。你能用来购买服装的钱越少，在配饰方面就越要考虑周到。同一套服装，与不同的配饰搭配会产生完全不同的效果，令人面貌一新。如果你的配饰五颜六色，风格迥异，不成系列，那在搭配时要特别当心。

选择配饰的颜色时，必须尽量与现有服装搭配，相得益彰。

配饰的颜色不宜太鲜亮，你可以选择黑色、藏青色或棕色。

这不是钱的问题，配饰代表的是个人品味。

配饰不在于数量多少，重要的是精致好用。

Don't buy much but make sure that what you buy is good.

Adaptation · 修改

修改衣服时要谨慎。一件精美的衣服很难做到在完全不影响原始设计的情况下进行修改，还是另外挑选一件更适合你的衣服吧！

任何改动都让人不安——你永远不知道改完后衣服会变成什么样子！

要不要修改这件宽松的牛仔外套？
千万别改！任何改动都会破坏其流畅的造型线条和休闲的气质。

Any change is always an event – and you never know quite what will happen.

Afternoon Frock · 午后装

日装和午后装在设计上几乎没有什么差别，但在用料方面，午后装的材质通常更为华丽。

当然，你也可以在下午穿着日装，但到了傍晚时分，唯有穿着午后装才更适合出席酒会和晚宴。

无论什么材质的午后装，最理想的颜色都是黑色。如果你只能挑选一款午后装，我肯定会向你推荐黑色。

最实用的设计是袒胸低领连衣裙配短上衣或针织衫。羊毛、蕾丝等各种面料都可以，不讲究材质。领口的样式、裙子的设计、廓形是合体还是宽松，则取决于你的身材条件和生活方式。

If you can have only one afternoon frock
I should always advise you to have it black.

Age · 年龄

对时尚女性来说，一生中只有两个阶段：少女时代、熟女时代。

除非你的身材走样，生活沉闷无趣，否则没有必要穿得像个老奶奶似的。

穿着打扮要与身份、年龄相符，但这并不意味着把自己打扮得老气横秋。

女性结婚前后的着装风格应有所不同，我不建议未婚女子佩戴昂贵的珠宝或穿着奢华的皮草。

蝴蝶结、荷叶褶、薄纱面料、串珠装饰……善用这些少女感元素可以为你的日常穿搭增加青春的气息。

Aprons · 围裙

我所说的“围裙”可不是那种做家务时系在腰间的家居用品。在时尚界，“围裙”特指附加在裙面上的一片布料，它可以为裙子锦上添花，甚至彻底改变裙子的外观。

如果你觉得自己的臀部线条不够完美，又想穿上合身得体的衣裙，那就在裙子的侧面、正面或背面加上围裙，这样可以掩饰身材上的不足，解决你的困扰。

基础单品穿出惊艳感重在细节，衬衫与条纹围裙打造知性的职场穿搭。在多层次叠穿中要避免使用花哨的单品。

Armholes · 袖窿

在衣服的缝制过程中，袖窿部位非常重要。如果袖子没绱好，这件衣服会很难看。如果一件衣服不太合身，往往是袖窿部位出了问题。

袖窿的样式要看个人喜好，但要记住，袖窿太深会显得人很胖。

Remember that too deep an armhole is very fattening.

“

Black is the most slimming of all colors. It is the most flattering.

”

Ball Gown · 蓬蓬裙

蓬蓬裙是女性的梦想，穿上它你会像个小仙女。我觉得蓬蓬裙与西装一样，对女性来说必不可少，它能让你显得朝气蓬勃。

穿上一袭漂亮的蓬蓬裙，你会充满女人味，娇俏可爱，美丽动人。

轻薄的雪纺、光滑的缎子、华美的织锦缎、柔软的丝绸，什么材质的面料都行，越华丽越好，妙龄少女还可以选择薄如蝉翼的麻纱或棉纱织物。

在款式上也有很大的选择余地，不过我个人认为，裙摆很大的蓬蓬裙看上去更浪漫，除非你的身材太单薄实在撑不起来。

带上一件西装、一袭蓬蓬裙，你就可以去环游世界了，出席任何场合都能显得光彩照人。

A ball gown is your dream,
and it must make you a dream.

Belts · 腰带

系腰带是勾勒腰部线条的最佳方式。腰带的材质以能与衣裙相配为宜，通常以经典样式的皮质腰带为主，运动服或沙滩装除外。如果你的腰肢纤细，精心打扮一番，再系上布面腰带，会显得非常优雅。

挑选腰带的时候要考虑清楚，它是否能衬托出你修长的背影、低垂的领口。腰带是宽还是窄，取决于你要穿什么样式的衣裙或大衣，还有，宽腰带不适合腰节较短的人。

To wear a belt is the most wonderful way to emphasise your waist.

你可以在任何季节、任何场合背一只包。如果不知道怎么选择包的颜色，就选择永远不会出错的黑色吧！

Black · 黑色

在所有颜色中，黑色是永不落伍、从不出错、优雅端庄的色彩。之所以说色彩，是因为黑色有时候也会很出彩。

黑色显瘦。一般情况下，黑色能衬托人的肤色，让你看上去气色更好。

无论何时、不分年龄、任何场合都能穿黑色。女性的衣橱里少不了一袭“小黑裙”。

关于黑色，洋洋洒洒长篇大论仍意犹未尽……

You can wear black at any time.
You can wear it at any age.
You may wear it for almost any occasion.

Blouses · 衬衫

如今女性不像以前那么爱穿衬衫了，对此我深感遗憾。

当然，我知道很多衣服里面并不需要穿衬衫。不过，在你觉得热的时候，脱掉外套，露出一件美丽动人的衬衫，会是一幅多么令人赏心悦目的画面。

有些西装，尤其是遇到宽松多褶的裙套装，你可以穿绣花衬衫或蕾丝衬衫，也可以穿丝绒或缎面衬衫,这样的一身打扮,无论是白天还是夜晚，都能应付自如。

Today blouses are not worn quite as much as they used to be and I think it is a pity.

Blue · 蓝色

在所有的色彩中，午夜蓝是唯一一种可以与黑色媲美的颜色，它的特点与黑色不相上下。

淡蓝色极其美丽，如果你有一双蓝眼睛，那更是无与伦比。当你挑选颜色的时候要小心，蓝色在阳光下和灯光下看上去效果是完全不同的哦。

高饱和度的蓝色单品能够帮助你成为人群中的亮点，如果你想要保持低调，不妨试试浅蓝色单品或是牛仔单品。

Pale blue is one of the prettiest colours, and if you have blue eyes no colour is more becoming.

Bodices · 胸衣

胸衣是女装最重要的部位，它的位置靠近你的脸庞，其轮廓线条一定要优美，才能衬托你秀丽的容颜。

一袭连衣裙最引人注目的地方就是胸衣部位，胸衣的裁剪确定了整款衣裙的基调，裙子要在设计上与胸衣保持平衡。胸衣可以起到掩饰的作用，比如设计一个精致的衣领或添加一些褶裥来掩饰平胸。

再比如宽大的袖子对于身材丰满的女性来说可能会显得很累赘，但却很适合平胸。

垂褶胸衣也很好，流畅的线条从肩部顺势而下。

腰节短的女性需要借助 V 领、从肩部延续至腰部的分割缝等，将胸衣的线条拉长，纽扣不可太大，以小巧精致为宜。

It is near your face and has to make a nice frame for it.

腰节长的女性则非常幸运，肩部至腰部的线条修长，体态优美。她们应更多地关注腰部，尽量让它显得纤细，比如略微加宽肩部，设计育克及船形领口线等。

胸部微丰、腰肢纤细的女性同样需要将视线聚焦于腰部，选择面料柔软、线条流畅、垂感较好的胸衣，但设计不宜太繁琐。深 V 领、不对称线条就很适合她们，撞色的衣领更好。

如果身材完美，胸衣的设计越简洁越好。精致的裁剪也许会给人以雕塑般的设计感，但一眼望去却显得简单大方。

皮革制的胸衣挺括有型，单穿时能够散发出强大的气场。如果内搭一件荷叶边衬衫，则又有一种宫廷复古的感觉。

When your figure is perfect, the simpler the bodice the better.

Boleros · 波蕾若外套

波蕾若外套可以让一袭连衣裙改头换面，它的面料和颜色可以与连衣裙相同，也可以完全不同。

波蕾若外套非常适合腰节长的女性。

波蕾若外套搭配露肩连衣裙是都市时髦女郎的装扮，绣花或天鹅绒的波蕾若外套与简洁的衣裙搭配则显得端庄得体。

色彩艳丽的波蕾若外套会让一袭黑裙熠熠生辉，令人感觉春意盎然。

波蕾若裘皮外套方便穿着，优雅华贵，既能保暖，又有风度，将你的脸庞映衬得充满魅力。

Boleros are a very convenient way to change the look of a dress.

Boning · 鲸骨

随着简单生活方式和简约时尚风格的流行，带有鲸骨的合体连衣裙再度盛行，它与我们祖母那个时代的紧身胸衣可不一样。

如果你要穿上一袭抹胸式礼服裙，绝对需要用上鲸骨。

Bows · 蝴蝶结

蝴蝶结与裙子是天然绝配，女人在系带子扣合衣物时会自然而然地挽个蝴蝶结作为装饰。我喜爱用蝴蝶结为露肩连衣裙收口、装饰帽子或系紧腰带，喜欢各种尺寸、各种材质、各种系法的蝴蝶结。

蝴蝶结虽然很美，但也要运用得当，适可而止。

I like them big, small or enormous,
in any way and in any material.

Brocade · 织锦缎

织锦缎是最为奢华的面料，正因为它太过奢华，可能会显得有点老气，用的时候要特别当心。我的建议是用织锦缎来做晚装短裙、大摆裙或窄裙，西装亦可。

织锦缎晚装长裙只适合衣香鬓影的盛大场合，比如说加冕典礼就属于这样的重要场合，织锦缎的富丽堂皇与这些活动的氛围相得益彰。

Brown · 褐色

褐色是一种非常漂亮的深色，特别适合西装和大衣。褐色的真丝面料流光溢彩，在连衣裙和西装外面披上一件褐色皮草外套，显得雍容华贵。

和黑色一样，褐色是最百搭的颜色，适用于手袋、手套和鞋子等各种配饰，因为褐色是大自然的颜色。

Brown is a very nice dark colour, especially nice for suits and coats.

Buttons · 纽扣

纽扣成为时尚元素的时间并不长，但它一直都是扣合服装最便利的方式。纽扣是重要的装饰，还能对一件衣服起到画龙点睛的作用。

有时候一粒纽扣能点到即止，一排纽扣反而成了画蛇添足。

金属、树脂、塑料、贝壳……纽扣可以由各种材料制成，往往与服装的风格相匹配。
你也可以按照自己的喜好，对成衣的纽扣进行替换。

Sometimes one button well placed gives a better effect than an eruption of buttons.

“

Care in choosing your clothes.

Care in wearing them.

Care in keeping them.

”

Camouflage · 掩饰

自从亚当和夏娃走出伊甸园之后，女性就千方百计地装扮自己，展示自己的美。

掩饰身材的缺陷真的是非常非常重要，高级服装的艺术精华在于掩饰不足，因为在这个世界上，所谓完美是绝无仅有的，高级服装设计师的工作就是为了让你变得完美。

专业人士精心裁剪、飞针走线，巧妙运用各种垫肩、衬料，为你塑造出完美的形象。特别是大衣和西装，如此熨帖，令人惊叹。

Perfection is rare in this world and
it is the couturier's job to make you perfect.

Checks · 格子

我对格子情有独钟。格纹可以活泼灵动，也可以优雅简洁，还可以显得年轻，永远恰到好处。

自从人类学会纺纱织布以来，格子一直活跃在时尚界，从未落伍。

格子图案可繁可简，无论什么年龄的人总能找到适合自己的样式。

女孩子可以穿朝阳格，身材娇小的女子可以穿细格子。年长一些的女性喜欢飘逸的真丝面料或柔软的羊毛面料，可以选择不规则格纹，而经典的斜纹格布料则适合乡村风格。

夏夜里，一袭柔和淡雅的彩色格纹细棉布连衣裙衬托出亭亭玉立的身姿。度假时，格子图案的手套、丝巾等配饰可以表达欢快愉悦的心情。

Chiffon · 雪纺

雪纺是所有面料中最美妙的一种，也是最难处理的。在法语中，chiffon 一词意为碎布、破布，而我必须说一句：雪纺裙子做得不好很容易看上去像块破布！用雪纺制作的衣服十分女性化，细碎的褶皱从纤纤玉指间垂荡而下，柔美婉约。如果你经验不足没有把握，建议你别用雪纺制作衣裙。当然，用雪纺做条小丝巾并不难。

雪纺衬衫也非常迷人，米色、灰色和乳白色等柔和的中性色尤其适合年长的女性。

雪纺基本上可算是女性专属面料，如果你的某款衣裙或西装看上去比较严肃、刚硬，往往可以用柔软的雪纺调节整体效果。

I must say that a chiffon dress that is not well made easily looks like a rag!

Coats · 大衣

作为一种实用性服装，大衣仍保持其原有功效：保暖。

在石器时代，女性用动物毛皮保暖；如今，近似于毛皮的动物纤维制成的面料最适合制作大衣，比如羊毛和丝绒。

真丝长款外套适合夏季穿着，与其说它实用，不如说它好看。我个人不太赞同都市女郎出门时不穿外套。

大衣的款式依据个人喜好而定，合体或宽松皆可，但最重要的是实用，颜色和样式都要实用。

挑选一款局部撞色的大衣可以打破冬日沉闷单一的色调。除了领口的位置，袖口和口袋也是常见的撞色部位。

Coats can be either fitted or loose, whichever is your personal choice.

Cocktail Frocks and Hats

小礼服和鸡尾酒帽

小礼服用料讲究、做工精致，是一种特殊的午后装。但适合鸡尾酒会的小礼服未必适合出席晚宴，这是两回事。

我觉得最实用的小礼服是一袭抹胸裙或露肩连衣裙加一件波蕾若小外套。你可以穿着波蕾若外套去逛街，只要脱下外套，马上就可以出席正式场合。

小礼服的面料可以华丽一些，比如塔夫绸、缎子、雪纺或毛料（毛料很合适），这些都很好；不过繁复的刺绣或华贵的织锦缎面料就免了，留着做晚装吧。至于颜色，还是深色比较好，如果你适合穿黑色，最好选黑色。

鸡尾酒帽是所有帽子中花样最多的，什么样的面料都有，上面可以用刺绣、鲜花、羽毛或丝带作为装饰，尺寸大小也没有限制，不过如果场地不大，拜托你戴顶小一点的帽子。

鸡尾酒帽在颜色上也没有限制，你可以尽情发挥想象力，充分展现女性气质。

Collars · 领子

领子的作用是衬托你的脸庞。领子的尺寸大小、位置高低都必须深思熟虑，以比例匀称为美。

领子的用料不多，却能创造出千姿百态的样式，令人叹为观止。

著名的“小白领”当然既美观又显年轻，但有时它看上去有点廉价，用的时候要当心；而且千万别连续几天一直穿着它，小白领必须一尘不染才行。

要注意领子的形状和领口的贴合度，如果领子不合身，会打破衣服整体的平衡感。

通常小一点的领子让人显得年轻，大一些的领子看上去更端庄，尤其是打褶的领子。如果你想减龄，可以用比较挺括的提花面料；而精致的蕾丝面料可以让人变得甜美可爱，也许你可以自制一个蕾丝领试试看。

如果你有天鹅颈，可以穿高高的立领或旗袍领；如果你的脖子没有那么长，窄而长的领子更合适。

And big or small, high or low, its proportions must always be very well studied.

驳领能够展示穿着者优美的肩颈线条，这件衬衫既适合日常上班通勤，也适合休闲的假日出行。

Colours · 色彩

斑斓的色彩令人迷醉，但要当心别被醉倒。

再美的颜色也禁不住你天天穿，那会适得其反。色彩需要变化。如果天空总是一碧如洗，难免显得单调乏味；有了云朵的不断变幻，蓝天更美了，令人赏心悦目。

大自然的一切都不是静止的：田园风光日新月异，蓝天白云瞬息万变，海浪翻卷，波涛汹涌，生生不息。

只需一抹亮色就能让你的衣服变得生动鲜活：一条翠色欲滴的绿丝巾，一朵鲜艳夺目的红玫瑰，一条明媚张扬的黄披肩，一副庄重大方的蓝手套……

不过，如果你衣物太多已无处安放，那么配饰的颜色就不宜太杂。

色彩丰富的面料与夏日连衣裙的适配度极高，身材微丰的女性可以选择暗色调的渐变色系。

色彩鲜艳的衣裙固然非常好看，但很容易让人厌倦，你也不会有很多机会穿上它。彩色的衣裙不像黑色或藏青色衣裙的利用率那么高。

请注意，我所说的色彩是指鲜亮的颜色，不包括中性色，比如灰色、米色、黑色或藏青色等适合日常穿着的颜色。然而，即使是中性色，也要与你的肤色、头发和眼睛的颜色相配才行。

例如，因为米色和灰色在色调上相似度很高，米色衣服基本上不适合灰头发的人。灰头发的人应该选择灰色或藏青色的衣服，当然，还有黑色。

夏天的棉质连衣裙利用率很高，你肯定有好几条，可以选择明快活泼的颜色。

穿着频率很高的衣服要挑品质好的面料，而且一定要选择中性色。还有，要精心挑选配饰的颜色。

一套衣服有两种颜色就够了，同一种颜色也只需出现两次即可。

帽子、手套、围巾和腰带都用同一种亮色就太刺眼了，反而会产生杂乱无章的效果；在人们的眼中，一套衣服最引人注目的地方是色彩鲜艳的帽子和围巾。

打扮得体需要多加思考。

Two colours in any outfit are quite enough. And two touches of any one colour are enough.

Corduroy · 灯芯绒

灯芯绒一直很流行，以前也曾经流行过，因为它的色彩浓淡皆宜，使用方便，是一种非常实用的面料。

我很喜欢灯芯绒，觉得它像精纺毛料一样，用处非常大，为服装带来不同的质感。你可以用灯芯绒来做西装和套裙，或者还有大衣，穿在身上会显得很年轻。

天鹅绒和灯芯绒有很多美丽的颜色，深浅明暗各不相同，但由于面料本身质地丰满，服装样式以简洁为宜。

你也可以用灯芯绒来装饰西装或大衣，用法与天鹅绒一样，灯芯绒的绒面会与精纺毛料顺滑的表面形成有趣的对比。

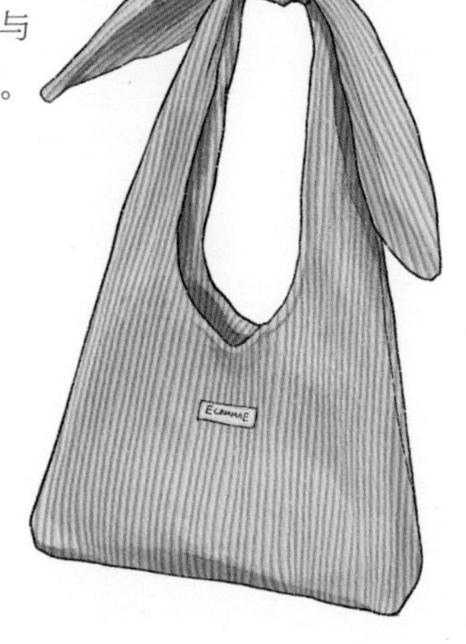

...But it is rather a rich material so should be used for very simple styles.

在选择化妆品时，不能盲目迷信品牌光环。首先要了解自己的肤质，其次要对产品进行多方位考量，才能找到适合自己的产品。

Cosmetics · 化妆品

化妆品在美容品中悄悄占据重要地位，但用化妆品化妆却不宜浮于表面。如今，化妆痕迹太重会显得很老派。既然你不需要像舞台上的女演员一样暴露在聚光灯下，那就没必要化那么浓的妆。

自然妆容最为高明，除了口红，其他皆不露痕迹。如果你喜欢鲜艳的色彩，可以涂点指甲油，不过我个人还是喜欢自然色。

Cosmetics play a very big part in the secret of beauty, but they mustn't show.

Crêpe · 绉布

有一段时间曾经流行过绉布，现在它又回归潮流了，这种面料非常好用，看上去有点像毛料，只是没有那么暖和。

绉布手感柔软，用途广泛。你可以用垂褶、打褶或抽褶等各种手法做衣服，反正适用于毛料的所有工艺它都能用。

我喜欢用色彩柔和的绉布做百褶裙，美得像春天一样。

For spring-time I love a pleated dress in a crepe of pastel shade.

Cuffs · 袖克夫

正如领子可以衬托人的脸型，袖克夫可以衬托女子的凝雪皓腕和纤纤玉指。

对于白色袖克夫，我的观点和看待小白领一样，它很好看，但有可能会显得廉价。

不管长度如何，袖克夫对袖子来说很重要。要注意的是，长袖的袖克夫不宜太长，袖克夫遮住手腕会显得老气。

我喜欢给西装、大衣和连衣裙装上袖克夫，但样式不必太复杂，只需一点点翻边即可。

袖克夫的用料可以和衣服的大身料相同，也可以用完全不同的面料；袖克夫可以与大身同色，也可以撞色。但我也说过，一套衣服上的色块不宜太多，如果袖克夫与领子撞色，这套衣服上的颜色就已经够丰富了。

Cuffs do for your hands
what a collar does for your face.

DARTS—DRESSING GOWNS

"

Don't buy much but make sure that what you buy is good.

"

Darts · 省道

在服装裁剪的过程中，省道非常重要，但数量太多反而会过犹不及。如果衣服不合身，靠省道来补救也无济于事。

衣服合不合身，首先要看裁剪时是否合乎面料的纹理。

省道的作用是让衣服贴合人体曲线，通常两到四条省道足以做到衣服的修身合体,省量不宜太大，否则会很丑。

裁剪精良的衣服上接缝越少越好。

千万不要挑选有很多省道和接缝的服装样式或版型，这种类型的衣服不仅裁剪、缝制难度高，而且穿上身也不好看。在你定做衣服时要注意，最好挑选主要部位省道少、裁片数量少的设计。

Nicely cut clothes must be cut with the fewest possible seams.

温柔的中性色和简洁大气的款式是永远不会出错的选择。除此之外，你可以将一些彰显个性的单品作为阶段性的时尚表达。

Day Frocks · 日装

有些女性穿西装很美，有些则效果欠佳，尤其是个子不高、腿不长的女子更不适合穿西装。

我建议她们选择羊毛连衣裙作为日装。这是日常穿着的衣服，使用频率很高，因此，连衣裙的样式要经典、线条简洁，颜色要选中性色，你可以通过穿戴不同配饰来改变造型。

在你能力范围内购买品质最好的羊毛裙。便宜货的性价比并不高，因为你穿不了多长时间它就会走样了。

一套经典的黑色、藏青色或深棕色羊毛裙能让你穿上好几年。

如果你年纪轻，可以选择领口较紧、上衣线条简洁的大摆裙；如果你身材微丰，向你推荐上衣领口交叉设计的直身裙，可以加一两个褶裥以满足一定的活动量。

V 领往往能为胸部丰满的女性增添魅力，身材偏瘦的女子来点垂褶会更好看。不过你可别画蛇添足，否则穿不了几次你就会对这件衣服心生厌倦。

Always buy frocks of the best quality wool you can afford.

Décolleté · 露肩装

露肩连衣裙半遮半掩，女性线条若隐若现，性感迷人。

如果你身材高挑，可以大胆袒露肩部线条；如果你丰满圆润，低胸露肩装为你更添魅力。

不管领口线是什么样的造型，要确保它别遮住你的锁骨，除非你在里面穿了件毛衣，那么即使是高领也没关系。

我在设计女性化的新款露肩装时特别用心，在我的心目中，没有什么衣服比露肩装更好看、更性感、更迷人了。

如何自制一件独一无二的抹胸上衣？挑选一款印有个性图案的方巾，将其对折后反绑在背后，你将成为炎炎夏日里的时髦精。

Detail · 细节

我讨厌细枝末节。我喜欢通过细节展现个人风格，喜欢用配饰为衣服增添一抹亮色，这些设计并非可有可无，它们对整体举足轻重；而细枝末节是指非常廉价的东西，毫无优雅可言。

然而这个词还有其他含义：你必须做到从头到脚每个细节都很优雅。在这种情况下，细枝末节也很重要。

I love accents or little touches but they must always be important – not insignificant.

Dots · 圆点

我对圆点的感观与格子差不多。圆点图案可盐可甜，有的很可爱，有的很优雅，有的很朴素，而且总是显得那么时尚。圆点永远不会让我感到厌倦。

身材娇小的女子最适合小圆点，大波点图案与个子高高的女子更相配。体态微丰的女性应该选择底色较深的浅色圆点面料，反之亦然。

圆点与度假风格的棉布连衣裙、沙滩装是绝配，用在配饰上也很活泼可爱。圆点图案的配色灵活多变，风格迥异：黑白配色经典优雅，浅粉淡蓝朝气蓬勃，红黄蓝绿鲜明跳脱，米色灰色端庄稳重。

Tiny dots are most suitable for petite figures. Big coin dots are good for tall people.

Dressing-gowns · 晨衣

我认为晨衣对女性来说非常重要，但很多女性对此视而不见。

我们母亲这代人曾经对晨衣很上心，她们是对的，因为家人每天早上都会看见你穿着晨衣的样子。它是你白天穿上的第一件衣服，即使亲如家人，保持得体的穿着仍然很重要。

如果你的生活环境比较优渥（或是在度假），不妨披上一件漂亮的雪纺晨衣；但如果你的生活刻板，花呢、斜纹软绸或毛料很适合，夏季则可以穿棉布晨衣。

我觉得一件晨衣能尽显女性的妩媚温柔，当然最要紧的还是实用，但也不必过于朴素，比如可以给毛料晨衣加上一些褶皱边或天鹅绒作为装饰。

I think with a dressing-gown, too,
a woman can indulge in a little femininity.

"

Elegance must be the right combination of distinction, naturalness, care and simplicity.

"

Ear-rings · 耳环

我总是乐见女性佩戴耳环，除非她身在乡野之地。耳环是一身装扮的收官之作，并不一定要非常复杂，其实黄金、珍珠，甚至珠宝都可以做成小巧、精致的耳环。当然，晚间佩戴的耳环可以装饰效果更强一些。

我总是要求模特穿耳孔以便佩戴耳环。

Elegance · 优雅

千言万语也说不尽优雅一词的深刻内涵。我只能如此表述：优雅的人必定有个性、不做作、很细心、落落大方。相信我，不具备这些品质的人就称不上优雅，只能算是矫揉造作。

优雅并不是用金钱堆砌起来的。在我刚才提到的品质中，最重要的是细心，对于服饰的挑选、穿戴和保养都要细心。

Care in choosing your clothes.
Care in wearing them.
Care in keeping them.

这条连衣裙面料上张扬洒脱的速写线条生动且富有童趣。带有抽象图案的服装个性十足，是不容易受潮流影响的、值得投资的单品。

Embroidery · 刺绣

刺绣是女性用一双巧手创造的美丽非凡的事物之一，但要凭借刺绣显得优雅却也并不容易。我不喜欢在日装上绣花，除非花样极其简单。

若运用得当，星星点点的刺绣能为小礼服锦上添花，精美繁复的花样更能让晚礼服熠熠生辉。身穿一袭绣花小短裙参加晚宴也许很美，但穿着绣花衣服必须注意场合，否则会显得矫揉造作。

刺绣可以用于：

衬衫。装饰领子或前襟时，必须用最细的丝线刺绣；除非你的色彩感很强，否则最好用单色绣线。

短裙。度假时心情欢快，衣裙色彩缤纷；不过有时也可以用深灰色或黑色棉布制成短裙，加上些色彩鲜艳、热情奔放的刺绣图案，同样令人愉悦；但这样的装束只适合妙龄少女哦！

晚礼服。丝线、珠宝和亮片刺绣令一袭晚礼服显得五光十色、富丽堂皇、引人注目。

小礼服。有时在衣裙的领口或口袋部位点缀一些绣花会很美；但要注意，点到即止，宁缺毋滥。

One of the most beautiful things
done by the hand of woman.

Emphasis · 展现优点

如果你的优点突出，当然要展现出来，事实上时尚的重点就在于展现女性魅力。

袖子的长度达到腕骨刚好合适，袖克夫可以衬托出纤美的皓腕。

流畅的领口线条可以勾勒出可爱的脸庞。

几乎所有衣裙的裁剪都是为了展示女性纤细的腰肢，搭配宽窄不一的腰带也是出于同一目的。

芭蕾舞裙的长度适合展露精巧的脚踝，裙摆越大，效果越好。

The whole of fashion is emphasis - emphasis on woman's loveliness.

Ensembles · 大衣搭配连衣裙

大衣和连衣裙搭配穿着是一种非常优雅的着装方式，我认为，英国女性尤其喜爱这种装扮。

这种大衣加连衣裙的搭配，连衣裙的款式应以简洁大方为宜，大衣的款式根据个人喜好而定，合体或宽松、长款或短款皆可。

大衣搭配连衣裙的确可以取代西装搭配裙子，但它并不是很实用，因为它很难改变你的着装风格。如果你穿西装和裙子，分别搭配裁剪合身的衬衫、花里胡哨的衬衫或风格迥异的帽子，会产生完全不同的效果。

大衣搭配连衣裙的穿着方式略显单调。不过，如果你穿西装搭配裙子不太好看，建议你尝试一下大衣搭配连衣裙。

至于大衣的颜色，我建议与西装一样，选择黑色、灰色、藏青色等深色系或米色，这是因为你会频繁穿着这套衣服，这些颜色不太容易令人腻烦，而且适合作为背景，足以衬托鲜亮的饰物。

A very elegant way of dressing is to have a coat and dress matching together.

Ermine · 白貂

白貂洁白无暇，雍容华贵，常用于制作衣领或帽子，为冬日带来一抹柔软和温暖。穿着白貂制成的波蕾若外套或大衣出席晚宴，肯定会艳惊四座。

The emblem of purity and of royalty.

FAILLE—FRINGE

“

Finally, everything that has been part of my life, whether I wanted it to or not, has expressed itself in my dresses.

”

Faille · 罗缎

罗缎是一种漂亮的真丝面料，它不像丝缎那么闪亮，也不太挑人，而且更显瘦，它与真丝楞条绸、茜明绸、横棱绸属于同一类面料。

罗缎易皱，制作难度较高，因此最好不要交给经验不足的裁缝处理。

Feathers · 羽毛

鸟儿身上的羽毛很美，用来装饰帽子也很好看。不过，使用羽毛时必须非常谨慎，用得好当然很美，用得不好只会引人发笑。

印第安酋长佩戴的羽毛头饰可以彰显其威严，女士也可以用羽毛装点自己，体现优雅尊贵的气度。请选择小巧秀丽的羽毛，又长又大的羽毛看上去有点笨拙，缺乏女人味。

Feathers are lovely on a bird
and glamorous on a hat.

Fichu · 三角形披肩

三角形披肩由一小块三角形面料制成，或是由一块正方形面料折叠而成，搭配晚装非常优雅。按如今的时尚潮流来看，长围巾略显繁琐累赘，三角形披肩大有取而代之的趋势。

如果你觉得长围巾难以驾驭，怎么披挂都不优雅，我建议你干脆改用三角形披肩，它不仅在材质上有更大的选择余地，而且还可以有流苏或刺绣作为装饰。

温暖柔软的羊毛披肩适合搭配精纺毛料日装，富有光泽的丝绸、缎面或欧根纱适合搭配晚装。至于披肩的颜色，白天可以选择稳重的深色或混色，明快的红色、绿色或蓝色也可以；如果你正值青春年少，不妨在晚间选择柔和淡雅的色彩。

In the fashion of today, fichus have a tendency to take place of stoles which can be rather cumbersome.

Fit · 合身

衣服美不美，首先要看它是否合身。我最讨厌女性不注意穿着打扮，毫无线条感可言。

一套合身的服装可以充分展现你的魅力，巧妙掩饰你身材上的不足之处。

衣服要做到完全合身是很难的，为此花多少时间都是值得的。通常定做一件衣服要经过两三次试穿，有时甚至需要反复修改，经过多次试穿才能完成。

注意面料的布纹方向，要仔细分辨，不可出错。顺着正确的布纹方向，只需一两个省道、褶裥，衣服就能很合身；如果用错了布纹方向，收再多省、抽再多褶也无济于事。

所以在你动手之前，需要认真研究面料、分析衣服的样式，才能设法做到理想的合身效果。

A good dress is, first of all, a well-fitted dress.

Flowers · 鲜花

鲜花是上帝赐予世间最美丽的事物，堪与女性媲美。不过，纵然鲜花芳香甜美，仍须慎用。

用鲜花装点帽子也许很好看，搞不好却会很可笑。在扣眼中、腰带上插花，或将鲜花别在露肩装上，也许会衬得你如花似玉，但花的品种、颜色要与你的个性相符。

我觉得印花面料非常美，精致的丝印工艺可以使花卉图案纤毫毕现、栩栩如生，很合适午后装、晚装或小礼服。

色泽艳丽的印花面料也很适合明快活泼的假日装。

After woman,
flowers are the most lovely thing
God has given the world.

Fox · 狐皮

狐皮是一种优质的天然毛皮，唯一的缺点是长期以来它被时尚界使用过度，沦为凡品。

就个人而言，我不喜欢用狐皮做大衣，我觉得它更适合用来给衣服镶边，比如大衣、西装，狐皮搭配斜纹软呢也很好看。

Frills and Flounces · 荷叶边

荷叶边青春飞扬，诠释着裙装的圆满、浪漫、简洁。近年来，荷叶边得到了广泛应用，但目前裙装又开始流行修身的线条和贴体的臀线，也许会减少荷叶边的出现几率。

不管潮流如何，我依然偏爱荷叶边。身穿荷叶边裙装的少女亭亭玉立，楚楚动人。

A very romantic, simple and young way of retaining the fullness of a skirt.

Fringe · 流苏

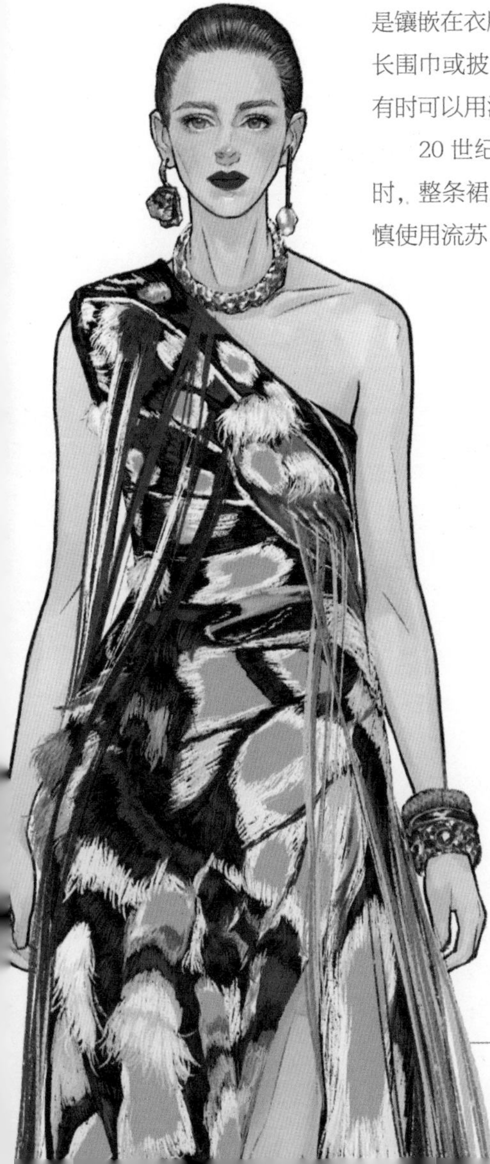

无论是用本身料制作而成的流苏，还是镶嵌在衣服上的穗带，都是美丽的饰物。长围巾或披肩可以用流苏自然形成收边，有时可以用流苏装点衣领和口袋。

20 世纪 20 年代，流苏裙曾经风靡一时，整条裙装上遍布流苏；如今不得不谨慎使用流苏，以免衣服显得不合时宜。

流苏装饰使连衣裙摇曳生姿，同时也有难打理、难搭配的缺点。如果你想要挑战，可以从配饰入手，尝试流苏包或是流苏围巾。

GLOVES—GROOMING

“

Good fashion is always natural evolution and based on common sense.

”

Gloves · 手套

都市女郎可以不戴帽子，但不能不戴手套。出席晚宴时，一副长手套足以提升你的魅力指数，如果你愿意，手套的长度可以及肩；如果你想要更实用一些，长及肘部亦可。

无论白天还是黑夜，手套可以为你带来一抹亮色，不过我不赞成手套的颜色太鲜亮。就个人而言，我更喜欢黑色、白色、米色、棕色等中性色。

在长手套的映衬下，你的手臂显得格外修长匀称，十指纤纤。我喜欢简洁的设计，不要有太多装饰，但手套的裁剪必须十分精良。真皮手套用料讲究，皮质必须毫无瑕疵。

与其戴一副廉价的真皮手套，还不如选择用面料制成的手套。

In town you cannot be dressed without gloves any more than you can be dressed without a hat.

Green · 绿色

人们认为绿色不太吉利，我一点也不认同这种观点，因为绿色总是能给我带来好运，对此我深信不疑。这是一种迷人的颜色，非常优雅。

绿色是大自然的颜色，你在色彩方面顺应大自然总归不会有错。我喜欢绿色，浓淡皆宜，从白天的斜纹软呢到晚上的缎面真丝，各种面料均可用绿色。无论你的肤色如何，每个人都能找到适合自己的绿色。

There is green for everyone and for every complexion.

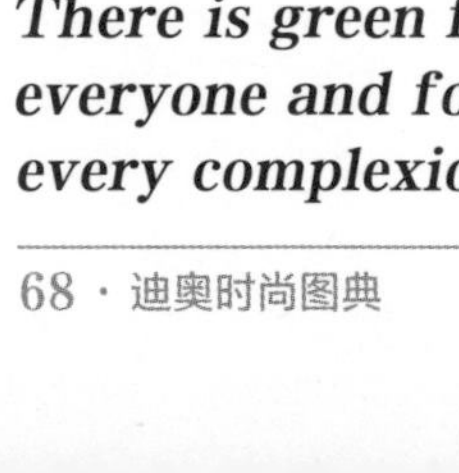

Grey · 灰色

灰色是最百搭、最实用、最优雅的中性色，灰色的法兰绒、斜纹软呢、羊毛面料都很美。如果灰色缎子适合你的肤色，用它来做晚装必定会光彩照人。至于日装，我通常推荐灰色的西装和大衣，这是我的理想选择。很多人不适合穿黑色衣服，可以改穿深灰色。要注意：身材微丰的女士必须选择深灰色，而浅灰色则更适合身材娇小的女士。

对于穿梭于都市和乡村之间的人来说，灰色最方便实用，只需搭配不同的饰品，一套灰色西装或一件灰色大衣就足以应付不同场景。灰色适合各种饰品，无论什么样式，与灰色在一起毫无违和感。

白色对灰色来说也许是最清新甜美的对比色，但我还是想说，无论你最中意什么颜色，都可以放心地与灰色一起穿着。

It is safe to say that whatever your favourite colour is, you can safely wear it with grey.

Grooming · 个人仪表

良好的个人仪表是保持优雅的秘诀。如果做不到仪容整洁，即使服装华美、珠光宝气、妆容美艳，也毫无优雅可言。

Grooming is the secret of real elegance.

HAIRSTYLES—HOLIDAYS

"

Hats can make you gay, serious, dignified, happy – or sometimes ugly.

"

在出席重要场合时，你可以为自己精心设计一个优雅或前卫的发型。图中模特的古典发型与她的宫廷服装造型非常相配。

You can improve yourself – by all means – but you will still be yourself and not somebody else!

Hairstyles · 发型

发型非常重要，比帽子或衣领等围绕在你脸部的其他部件更要紧，因为身体发肤都是你的一部分。

在发型上花多少心思都不为过，但这并不意味着我喜欢挖空心思制作发型。我讨厌哗众取宠的发型。

精心梳理一个好看的发型是很有必要的。

如果你没办法定期前往美发店，就挑一个适合在家自行打理的发型。不仅每天都要精心梳理，而且要随时随地小心呵护你的发型。

我讨厌染发。你的天然发色肯定是最好看、与你的个性最相称的颜色，试图违背天性、变成另一个人并不一定是件好事。

你可以通过各种方式改善自我，但你仍然是你自己，绝不会变成另一个人！

如果你是少白头，顺其自然会比染发感觉更优雅、更年轻，而且上了年纪以后，染发不过是自欺欺人。

And take care of it not only every day but many times a day.

Handbags · 手袋

手袋是一种非常重要的配饰，但很多女性对此不够重视。

你可以从早到晚穿着同一套衣服，但真正讲究的人不能一整天拿着同一款手袋。白天的包以简洁大方为宜，晚装包则需小巧精致，款式随你心意，花哨一些亦可。

手袋的款式崇尚简单、经典。真皮手袋必须选用优质皮料，廉价的真皮手袋品质差，不耐用，看似便宜，实际上适得其反。

如果你只能拥有一两个手袋，请选择容易搭配的颜色，比如黑色或棕色。

白天你可以选择一款马鞍包，但它并不适合午餐会之后的场合，与出席正式午宴的盛装也不相配，我更喜欢小牛皮、麂皮、鳄鱼皮等优质真皮手袋，其中麂皮手袋是我的最爱。

晚装包可以用刺绣作为装饰，材质方面没有什么限制，你可以用做衣服的面料来做晚装包。不过，如果你想要一款能与所有衣服搭配的晚装包，颜色以金色为宜。

Don't forget,
a bag is not a wastepaper basket!

包包除了用来装随身物品，还可以装“可爱”。
把一些精致小巧，颜色靓丽的小包当作配饰挂在身上，可以营造出简约、随性、俏皮的穿搭风格。

手袋不是废纸篓。别在包里塞满各种无用之物，却奢望它不变形、不走样、经久耐用。手袋和衣服一样，都需要细心呵护。

包里的粉盒、票夹、钱包、纸巾等应该井井有条，不要让唇膏和银行票据、手帕混在一起。

You can't fill it with a lot of unnecessary things and expect it to look nice and last a long time.

Hats · 帽子

如今这个时代，女性是否还需要戴帽子？对于这个问题，大家的看法不一。

我认为，都市女郎如果不戴帽子就不算真正的打扮得体。帽子往往是你表达自己个性的最佳方式，也标志着你已经整装待发。有时候一顶帽子比一件衣服更能体现你的气质。

不同的帽子可以表达你的活泼、严肃、端庄、愉快，如果没选对款式，也有可能会很丑。帽子是女人味的精髓所在，却也隐含轻浮之意。

女性如果不懂得借助这一道具展现魅力，实属不解风情。

购买帽子与购买手袋、衣服的规则相同，在你能力范围内尽可能选择优质商品。

丝绒和优质毛毡的色泽浓郁、丰润，这两种面料的帽子既美观又实用，适合冬季佩戴。

动物毛皮也很美，保暖性又好，小巧的裘皮帽子尽显女性妩媚。如果你觉得皮草大衣价格昂贵难以承受，但又想在寒风中享受一下皮草的温暖，那就来一顶裘皮帽子吧！

It is easier to express yourself sometimes with your hat than it is with your clothes.

帽子的形状与衣服的线条一样重要。很多帽子毫无形状可言，任由一堆羽毛、花朵杂乱无章地堆砌而成。如果帽子的形状优美、线条流畅，那它不需任何饰物，本身就很美。

因此，如果你的帽子很完美，千万别因为一时兴起胡乱插上一堆花，那反而有损帽子的优美形状。

夏天适合戴丝质小帽或草帽,我特意指出“小”是因为帽檐小一点的帽子比帽檐大的帽子更方便实用。如果帽檐非常宽，你将不得不一直用手扶着帽檐,除非四周静谧无风,否则你很难保持优雅,想必很快就会感到不耐烦。

当然，如果云淡风轻，在花园派对之类的环境适宜的场合，你完全可以戴上一顶硕大无比的帽子，从人群中脱颖而出。

我觉得在运动场上或在乡间不太适合戴帽子，除非刮风下雨或是骄阳似火,需要帽子遮风挡雨、抵御烈日，充分发挥其原始功能。

A hat is the quintessence of femininity with all the frivolity this word contains!

Heels · 鞋跟

鞋跟是鞋子上最重要的部分，因为人在行走时需要借助鞋跟使力。有些女性自身条件并不出色，但举止优雅，仪态万方，令人赞赏。

鞋跟太高会显得又俗气又难看，穿着这样的鞋子肯定很不舒服。低跟鞋适合运动场和乡间小路，但鞋跟太低有时会显得男性化。世间万物过犹不及，以中庸为宜，鞋跟也是如此，最佳高度是中跟。不过，鞋子舒不舒服，只有脚知道，你的鞋子得自己挑。出席晚宴或晚会时，彩色鞋跟可以打破沉闷，增添趣味，但我觉得平跟鞋的鞋跟与鞋面同色更好。

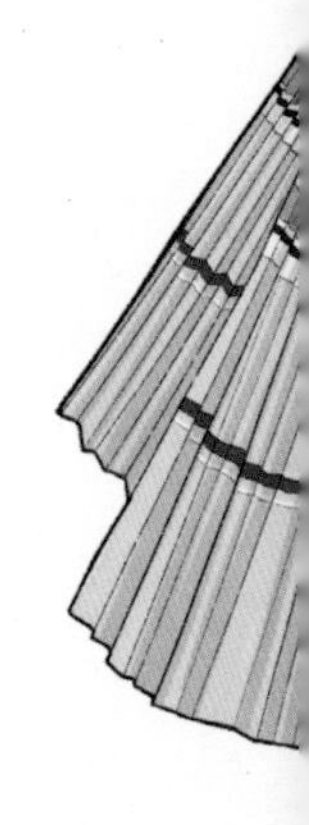

Just as it is so often with everything, the medium course is the best – and usually medium heels are best.

Hemlines · 裙摆

裙子的长度一直是人们津津乐道的话题。我的看法是，统一规定裙摆应该离地多高是件非常愚蠢的事。

这是件私事，完全取决于每位女性的个人喜好及其身高腿长。

裙长是否合适，要看你自己想要什么样的款式，以及你的身材如何。

裙摆高度的唯一规则就是遵循良好的品味。

The only rule is that of good taste.

Hipline · 臀线

自从第二次世界大战以来，丰满的臀部成为时尚界的焦点，与纤细的腰肢形成鲜明的反差。近年来人们的关注点上升到了胸围以上部位，而臀线则讲究保持自然，蓬蓬裙除外。

如果你的臀部窄小，既可以穿直身裙、百褶裙，也可以穿蓬蓬裙或喇叭裙，什么样的裙子都行。如果你觉得自己的身材不够苗条纤瘦，那就不要在裙子上添加装饰，千万别用荷叶边或流苏；你可以搭配一款肩部略宽、有设计感的上装，从而在视觉上达到平衡。

Since the war, the hipline has been the focal point of fashion – in contrast to a small waistline.

在度假时，你可以更加自由地支配你的衣橱。比如穿着具有海岛风情的连衣裙，搭配宽檐帽和墨镜，用相机记录下度假的时光。

Holidays · 假日

度假时可以随意些，穿上闲适、简单的衣服，不过奇装异服可不行，千万别打扮得像是去参加化妆舞会似的。

你可以穿上棉布裙子或粗花呢宽松裤，还有毛线衣或大衬衫，想要活泼还是休闲，随你心意。

但你必须时刻保持优雅得体。对此我想说，英国女人深谙着装之道，知道如何打扮更适合运动或度假。全世界的女性都应该向她们学习如何应对这些场合。

Holidays are the time to wear very convenient, casual and simple clothes.

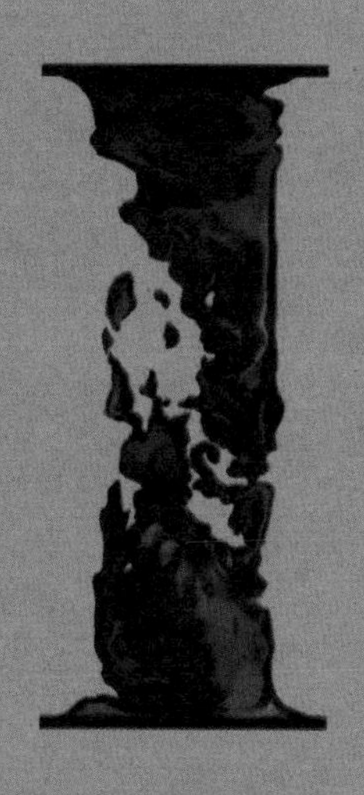

“

It is never any good trying to be someone other than yourself.

”

Individuality · 个性

也许有朝一日我们会变成机器人（我希望这一天永远不会到来），在此之前，个性始终是优雅的人必备的品质之一。

虽然你无法做到所有衣服度身定制，但你可以设法找到与你的个性完美匹配的成衣。

在大规模生产的时代，我们的选择余地很大，必定能找到自己心仪的衣服。要充分了解自己的个性特点，但要知道，穿奇装异服并不代表有个性。

优雅的女性不会盲目追求时髦。如果某种新的风尚不适合你，别去管它。每一季都有那么多新系列、新风格、新款式，你完全可以从中挑选出最适合自己的衣服，从而培养和提高自己的品味。

If a particular new line does not suit you, then ignore it.

Interest · 关注

当今社会时尚潮流引发的大众关注实属前所未见，而全球女性享受的时装资讯速度之快、内容之丰富也绝无仅有。

数十年前，仅有少数受到眷顾的女性才有资格穿着薇纳芮、沃斯、香奈儿等高级女装设计师的定制时装。今天，通过各种时尚杂志、时装店，世界各地的女性可以轻而易举地获得高定设计师的创意。

巴黎时装发布会上发生的一切只需几个小时就会出现在全球媒体上，距离法国千里之外的人们可以将新款时装的所有细节看得清清楚楚。设计师穷尽毕生精力奉献给时尚行业，如今他们的创意却被世人唾手可得。与上一代人相比，当代女性占据天时地利，有条件在成千上万的设计中精挑细选。然而，面对眼花缭乱的时尚资讯、生动详实的设计细节，她们无所适从，需要凭借良好的品味，慧眼如炬，才能从中找出适合自己的衣饰。

无论你有多喜欢模特身上的衣裙，在下手之前，都应该扪心自问："它是否适合我？"

若它与你的个性、年龄、身材并不相配，我劝你还是另选高明。

And unless it fits in with your personality, your age, your figure, you must choose something else.

JACKETS—JEWELLERY

"

Just as it is so often with everything, the medium course is the best.

"

Jackets · 短外套

短外套与西装一样，对女性来说非常重要。身材微丰的女士不太适合穿合体的西装，可以改穿箱型短外套，它能掩饰身材上的不足之处，显得优雅大方。我喜欢箱型短外套。

短外套与修身裙装非常相配。百褶裙当然很漂亮，不过它与短外套搭配效果不佳，最好不要这样穿。

短外套方便实用。你可以外穿短外套内搭毛衣配修身短裙，也可以换一条温暖厚实的羊毛裙，甚至可以把短外套穿在西装外面。短外套属于备用衣物，你可以根据个人喜好挑选鲜亮的颜色：大红、紫红、宝蓝或翠绿色皆可。

Because a jacket is ususlly an 'extra' in your wardrobe you can afford to choose a gay colour.

Jewellery · 珠宝首饰

珠宝首饰属于顶级奢侈品，我更看重珠宝的品质，而不是大小。戒指上的大钻石与你是否优雅无关，至多表明你有钱。

我认为，宝石的品质、首饰的设计及其完美的制作工艺比珠宝的尺寸重要得多。

有些首饰镶金嵌玉，工艺精湛，设计精美，璀璨夺目，它们比世上最大的珠宝更美，堪称传世之宝。

人造宝石的用途非常广泛，如果没有贵重的珠宝首饰，用人造宝石制成的时装配饰装点在衣服上也能让你焕然一新。

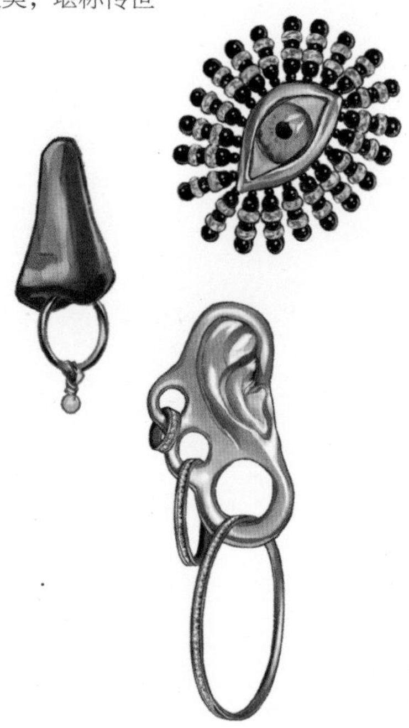

时装配饰与真正的珠宝首饰相去甚远，切勿以假乱真，鱼目混珠。

对于珠宝首饰，我的原则是物尽其用。出席晚宴时，一串熠熠生辉的莱茵石项链与一袭露肩晚礼服能令你魅力四射。在午后，这串项链与一件精致典雅的黑色毛衣搭配也同样光彩照人。

Like everything in fashion the question of taste is more important than money.

近年来流行的镀金首饰富丽堂皇，闪闪发光，十分抢眼。一般来说，使用何种首饰与个人品味、社交场合、社会地位有关，取决于你自己。

比如，多股式珍珠项链在某些场合看上去美丽动人，但戴上它显然并不适合去逛街购物。

时尚界更讲究品味而不是金钱。有些人总是将胸针别在同一个位置：连衣裙的领口或西装的驳领处。时尚感强的女性则会将其别在不同的地方，比如用同一枚胸针将一条色彩缤纷的雪纺丝巾固定在西装的口袋上，看上去别出心裁，与众不同。

如果想让人们把注意力集中在钻石耳环上，那么一身低调的黑色套装和一款利落的发型就是最好的搭配。

KEYS TO GOOD DRESSING—KNITWEAR

“

Knitwear is as great a work of art as a painting – and more practical!

”

Key to good dressing
穿搭秘诀

穿衣搭配居然没有秘诀?

如果有，事情可就太简单了：有钱人可以花钱购买秘诀，时尚方面的烦恼立刻烟消云散!

时尚的三大基本原则：简洁、良好的个人仪表和个人品味，并不是能用金钱买到的。

但无论贫富，人人都可以学习如何穿搭。

But they can be learnt, by rich and poor alike.

Knitwear · 针织服装

针织服装自从 20 世纪 20 年代首次进入高级定制时装领域以来，始终优雅迷人，我希望它能一如既往地保持优雅。

手工制品总是令人非常满意，我想这就是针织服装如此流行的原因。高超的编织技艺是一种了不起的艺术手法，一袭花样精致、款式优美的细针羊毛连衣裙足以与一幅油画作品媲美，而且它比油画更实用！

将一团团毛线编织成一件美丽的衣裙，多么有成就感！

针织衫对于都市女郎和乡村少女同样合适。我喜爱针织衫，喜爱各种颜色的针织衫。对于女性来说，衣橱中利用率最高的衣服可能是一件极为柔软舒适的黑色羊毛衫（你看，究其根本，最重要的还是品质优良）。

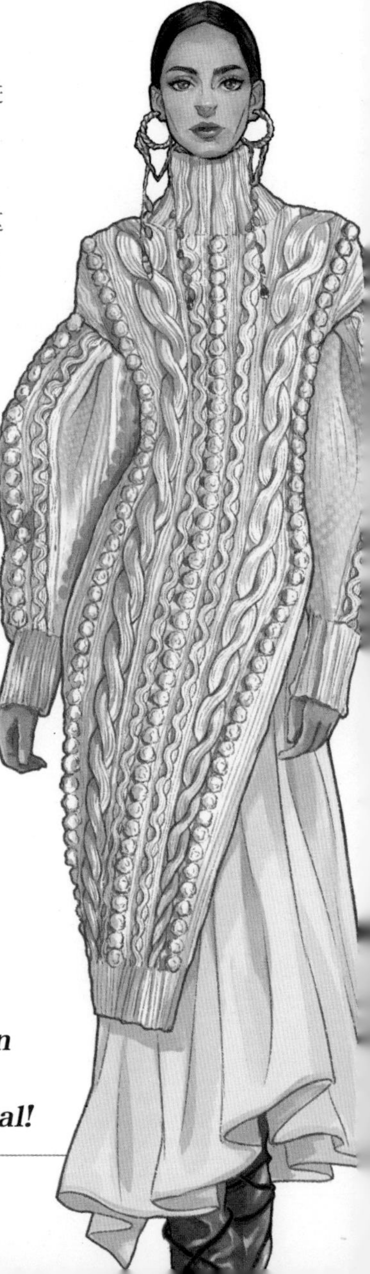

A beautiful frock, knitted in fine wools in a delicate pattern is as great a work of art as a painting – and more practical!

针织衫在针法上花点心思足矣，在设计上不宜太花哨。我的个人看法是，朴素大方的经典样式已经流传多年，久经考验，没有改进余地了。

记住，针织衫的袖长不宜太长，与其他长袖衣服一样，袖长过腕不好看。近年来针织衫的品质有很大提高，既有精致、优雅的小礼服，也有结实、保暖的运动服，一天中的任何时段都能找到合适的针织衫。

To turn some balls of wool into a lovely frock is a great achievement!

“

Long after one has forgotten
what a woman wore, the memory of
her perfume lingers.

”

Lace · 蕾丝

蕾丝最初是一种美丽、昂贵的手工制品，如今可以在机器上大批量生产，所有女性均可拥有。

我喜欢用蕾丝制作晚礼服、小礼服或衬衫，但我不爱用蕾丝饰边，因为它看上去有点落伍。一个精致小巧的蕾丝领子可以为一袭黑色连衣裙增添魅力，不过你得有眼光，挑选合适的蕾丝，以免看上去老气横秋的。

美丽的蕾丝衬衫可以作为黑色裙套装的内搭，也可以在出席派对时穿在大摆裙外面。蕾丝面料奢侈华贵、图案精致繁复，衣服款式以简单为宜。如果面料本身比较华丽，只需简洁的设计即可充分展示其天然优势。

同理，晚礼服的样式也是越简单越好，不需要繁琐的垂褶、复杂的分割设计。

When a fabric is fancy in itself it needs simplicity of design to show it to its best advantage.

Leopard · 豹纹

豹纹富有动感，长期以来一直被视为一种充满活力的动物纹样。我的个人看法是，豹纹非常适合做工考究的大衣，用于晚装和日装也同样很美。

但是穿豹纹衣服的女性必须充满女人味，有风情万种的感觉。如果你肤色白皙、长相清纯甜美，恐怕不太适合穿豹纹。

CHRISTIAN DIOR

豹纹通常与成熟女性更加适配。如果年轻女性想要尝试，建议选择配色柔和的豹纹单品，或者可以从配饰入手。

Linen · 亚麻

在夏季服装面料中，尽管棉布的市场竞争力非常强，但我还是觉得亚麻才是最佳选择。亚麻面料凉爽、透气，而且与真丝、羊毛面料一样富有天然光泽。

亚麻面料的色彩具有一种其他面料所没有的微妙感，看上去很美；而且它非常实用，耐磨性能好且易于打理。

亚麻面料裁剪方便，像羊毛面料一样，适合用于套装、连衣裙，甚至夏季长款外套。

亚麻面料的颜色数以百计。在炎热的夏季，最适合都市女郎的莫过于一身深色（最好是黑色）亚麻套装，而乡村少女尽可恣意挑选明快活泼的色彩。

Linen gives to the colour a subtleness which no other material has.

Lingerie · 内衣

我觉得内衣与衬里一样，应该选用品质一流的原材料。内衣必须始终保持优雅精致，不一定要用刺绣或蕾丝，但裁剪必须合身，用料必须精美。

我们的上一代女性曾为内衣花费大量时间和金钱，我认为她们的做法非常正确。真正的优雅无处不在，尤其是在别人看不见的地方。

在心理上也同样如此。即使外穿的衣裙十分漂亮，如果你自知内衣不够精美，不堪与之匹配，恐怕也无法做到自我感觉良好。

如果内衣的裁剪不佳，不能完全贴合你的身体曲线，那么衣裙的垂感也会受到影响，不够完美。精美的内衣是良好穿搭的基础。

Lovely lingerie is
the basis of good dressing.

Linings · 衬里

在现代制衣工艺中，衬里是非常重要的部分，有时甚至比衣服的外观还重要！

高档西装不仅需要良好的面料材质表现其外观，更有赖于内部衬里塑造其外形，如今的礼服大多以这种方式制成。

准确地说，大衣和短外套的衬里非常重要，若它能与你的礼服或衬衫配套，会显得优雅得体。

衬里绝不能用廉价面料，这种做法看似节省，实则掉价。对于衣服不能外露或若隐若现的部位，如果在材质上做不到比衣服表面用料更好，至少也要做到相同品质。

Never use cheap materials for linings – it is false economy.

“

Midnight blue is the only color that can compete with black.

”

Materials · 面料

为了做衣服而挑选面料，花多大精力都不为过。高定设计师最头疼的事情就是如何找到合适的面料来表现其创意。

有时为了做一袭小黑裙，设计师不得不比对二三十种不同品质的黑色羊毛面料。在你自己做衣服的时候，也应该像设计师一样，精心挑选面料。

你需要确认面料的颜色，这就意味着必须在阳光下和灯光下反复查看；还需要了解面料的克重、研究面料的纹理，看看它是否适合实现你设想的款式。

不要错误地认为随便哪块面料都可以做到某一款设计，你的最佳创意很可能会毁于一次选择失误。因此，如果你要仿制一款高定时装，在没有十足把握的情况下，应尽量选择克重、花型与原版高度相似的面料。请你放心，高定设计师已经为此付出很多心血，借鉴旁人的经验，能让你少走弯路。

选料的基本原则是，设计越复杂，面料越朴素。如果面料奢华，富有光泽，那么设计以简单为宜。

有些面料很难处理，相对来说，精纺羊毛面料、棉布、亚麻和真丝面料的裁剪、缝制难度不高。

我之前曾提到过，雪纺是很难处理的面料，应交由经验丰富的熟手制作。天鹅绒的难度也比较高。

As a general rule, remember that when you have chosed a complicated design you will need a simple fabric.

在所有面料中，真丝和羊毛单面平纹针织料的悬垂性最好，精纺羊毛面料和较厚的亚麻面料裁剪起来最方便。

在选料时同样要记着，细碎的花纹适合身材娇小的女性，鲜艳夺目的图案适合身材高挑（而不是丰满）的女性。同理，灰色法兰绒的色调深浅与身材相关：小个子应该选浅灰色，身材微丰的人则以深灰色为宜。

这件由几十种蕾丝拼合而成的礼服令人叹为观止。在日常穿搭中，精美的面料只需匹配简洁的款式，这就是一种平衡之美。

Mink · 貂皮

貂皮是所有裘皮中品质最好、外观最美的毛皮。在某些国家，貂皮大衣是一定的生活水准和社会地位的象征。貂皮当然美妙非凡，但你应当注重的是它的品质，而非价格。人们常说，浅色貂皮比深色貂皮好看，但我觉得，适合你肤色的貂皮才是最好看的。

如果你的发色较深，那么深色貂皮更适合你；反之亦然。

Of course mink is a wonderful fur,
but choose it not for the price
but for its quality.

“

No elegant woman follows fashion slavishly.

”

Net · 轻纱

轻纱浪漫飘逸，是晚礼服的理想材质，尤其适合作为妙龄少女人生中第一套晚礼服用料。

一袭纱裙应该至少由三层纱组成，裙摆又非常大，为此必须准备大量的轻纱。轻纱的价格并不贵，为一条裙子多买一些面料也算不上铺张浪费。

轻纱给人以轻盈、朦胧、充满魅力的感觉，身穿纱裙的女子总是显得清新动人。但是，皱巴巴的纱裙看上去会很寒酸。轻纱很容易熨烫平整，没有理由不让它随时保持最佳状态。

我的确说过一袭纱裙至少有三层，但并没有说这三层纱必须用同一种颜色，比如三层不同深浅的蓝纱，或一层白纱、两层浅淡的灰纱组成的纱裙都很好看。在配色时要当心了，粉红加淡蓝色纱裙就有点儿可爱过头了。

纱裙式晚礼服的胸衣部分通常与裙身的材质完全不同，如果裙身蓬松饱满，裙摆宽大曳地，行走间顾盼生姿，那么胸衣部分应非常简洁，以保持平衡。

Net is the ideal material for a certain kind of romantic evening dress.

Neutral Shades · 中性色

中性色适合休闲装或出席非正式场合的套装和小礼服。我偏爱灰色，几乎所有人都能穿灰色。

灰色像黑色一样，非常实用。灰色和白色、灰色和黄色、灰色和红色，无论什么颜色与灰色在一起都很好看。如果你身穿灰色的西装或大衣，内搭或配饰尽可挑选自己喜欢的颜色。

你可以根据眼睛的颜色或你的身材挑选适合自己的灰色。

如果眼睛的颜色是蓝色、浅褐色或浅灰色，你适合穿浅灰色的衣服。

如果眼睛的颜色是深灰色或棕色，你适合穿深灰色的衣服。

身材娇小的女性穿极浅的灰色最好看，身材微丰的女性则需要穿深灰色。

米色也很养眼，看上去优雅至极，但米色比灰色更难穿。米色衣服对肤色的要求非常高，如果你的气色不佳、脸色蜡黄，就不适合穿米色上衣。米色和灰色一样，由浅入深，色调丰富，在挑选适合你自己的颜色时也需秉承同样的原则：个子越小，颜色越浅；个子越大，颜色越深。

Personally I love grey,
which suits almost everyone.

Nonsense · 荒谬

在时尚界，穿雨衣戴大草帽、晚礼服配雨衣、小礼服配拷花皮鞋、休闲裤配高跟鞋、三月份穿天鹅绒、斜纹软呢镶拼蕾丝，都十分荒谬。此类行径简直是罄竹难书！有很多女人忘了，即使是最前卫的时尚创意也必须在某种程度上合乎情理，美好的事物通常是在符合常理的基础上潜移默化而成的。

我不喜欢哗众取宠的设计，这不是真正的时尚。它们也许能博人眼球，但毫无优雅可言。

将尼龙包做成颠覆传统审美的时尚单品，改变了人们对于尼龙的态度。一款设计简洁的尼龙包不仅经久耐用，亦能彰显个性。

Nylon · 尼龙

我自己是从来不穿尼龙衣服的，我觉得这种材质也许适合运动服或沙滩装，但它离良好的服用性能相去甚远，还需多研究几年。

但尼龙的确非常适合做内衣，它使用方便，容易洗涤，对此我表示赞赏。

Good fashion is always natural evolution and based on common sense.

“

Ornaments can do nothing for a frock if they aren't part of the whole design.

”

Occasions · 场合

人们通常认为，穿着过于张扬有失体统；但我认为，在某些场合穿着过于随便反而十分失礼，大错特错。

如果你作为重要人物出席正式场合，必须穿着特定的服装。

一场盛大的婚礼，新娘却穿着灰色套装，这场面令人难以想象。出席婚礼的伴娘跟新娘一样，也得精心打扮一番，她们如众星捧月，与新娘相互映衬，但穿着应该比新娘略逊一筹。

加冕典礼这样的隆重场合需要盛装出场，华贵的长袍、闪耀的冠冕可以让穿戴者看上去无与伦比的尊贵！

如今，服装的适用范围很广，即使你不得不从办公室直接前往参加晚宴，也不可能做不到打扮得体。

一件波蕾若外套加一袭连衣裙，只需换上不同的帽子，就能让你在一整天里对各种场合应付自如。

In certain circumstances it is very impolite and wrong to be underdressed.

Older Women · 年长女性

我以前就说过，如今不应再有老女人，只是有些女性比他人年长而已。

当你到了一定的年纪，或者身材超出某个尺码之后，请别再打扮得像个小姑娘了。头发不要留得太长，穿着打扮别太幼稚；但也没有必要总是穿着黑色、灰色或棕色。

我认识很多年长女性，身穿色彩淡雅的粉红、浅蓝或白色夏装或晚装，打扮得体，举止优雅。

除了幼稚的衣服，紫色等过于老气的颜色，以及织锦缎和某些黑色或灰色蕾丝等过时很久的面料，也都不适合年长女性。

花白头发非常美。女性到了满头华发的年纪，往往气质端庄，温柔娴雅，充满魅力，可以挑选线条柔和、优雅大方的衣服，无需太多的装饰，也不过分男性化。

Today there need be no old women.
There are only women
who are older than others.

Ornaments · 装饰

我们生活的这个时代，服装配饰、装潢陈设普遍装饰过剩。所有不具备根本原因的事物都是非必需品。我们热爱纯粹的线条，任何打破这种纯粹的东西都是错误的。

如果衣裙上的装饰与整体设计格格不入，这些装饰就没有存在的必要。如果服装的基本线条出现偏差，再怎么装饰也于事无补。

在衣裙上添加星星点点的装饰时要特别当心，往往会变成无用功。如果你打一开始就不喜欢它，那就干脆别买这条裙子。

If you don't like the frock
as it stands in the first place,
don't buy it.

PADDING—PURPLE

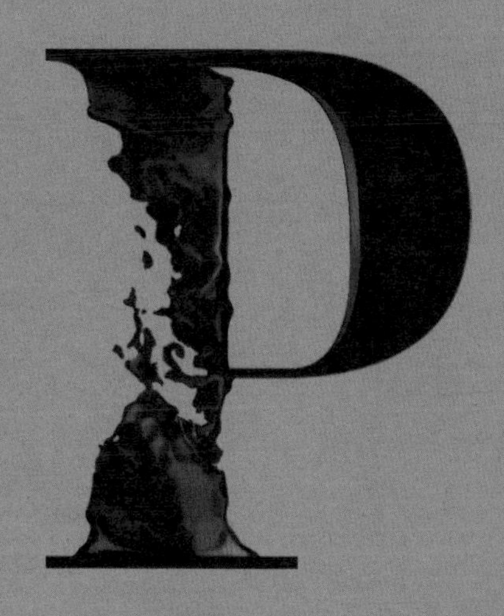

“

Perfume is the indispensable complement to the personality of women, the finishing touch on a dress.

”

Padding · 衬垫

衬垫常用于修正服装、突出某个部位，以体现时尚潮流。以前做西装时垫肩必不可少，但现在流行外观更为自然的服装，垫肩不再是必需品了，除非存在比较严重的溜肩现象。

衬垫可以有效地修正身材上的小瑕疵，不过只有经验丰富的熟手才能运用自如。

带有衬垫的西装适合穿着出席一些正式的场合。如果你想日常穿着，建议将纽扣解开，或者把衣服披在肩上。

Perfume · 香水

自从人类进入文明社会以来，香水长盛不衰，被视为女性魅力的重要组成部分。

在我年轻时，女性大量使用香水，其余韵悠长，非常美妙；现在女性使用香水远不如从前那般恣意，对此我深感遗憾。

香水像衣服一样，可以充分表达你的个性。你可以根据自己的心情使用不同的香水。

我觉得，女性值得拥有美丽的衣服，同样地，她们也值得拥有芬芳的香水。香水味无孔不入，别以为只有你自己能闻到，它萦绕在整栋房子里，尤其是你的卧室。

Perfume, like your clothes,
can so much express your personality.

Persian lamb · 波斯羔羊皮

波斯羔羊皮永远不会过时。自从我幼年时候起，就看见人们以各种方式穿着波斯羔羊皮，显得很美很年轻。但衣服的样式要简单，波斯羔羊皮本身就有点花哨，在设计上不必太繁琐复杂，以简洁为宜。

我喜爱用波斯羔羊皮给西装和大衣镶边，感觉十分优雅。

Petticoats · 裙撑

裙撑对礼服来说非常重要。该穿裙撑却没穿，会导致长裙无精打采地贴在身上，令一袭华丽的礼服黯然失色。

硬挺的裙撑其实应该算是裙装的组成部分，它能为长裙增添魅力，展现女性优美的身形。

如果你的新衣服需要用裙撑撑起裙身，必须为此做一个专用裙撑。别以为你能用旧裙撑将就一下，因为它很可能不合适。

Nothing is duller than a dress that should have a petticoat worn underneath, worn without it.

Pink · 粉红色

粉红色是所有颜色中最甜美的色彩，它代表快乐和温柔，每位女性都应该有几件粉红色的衣服。

我喜欢粉红色衬衫和丝巾，喜欢年轻姑娘穿粉红色衣裙，粉红色西装和大衣也很好看，粉红色晚礼服妩媚动人。

Every woman should have something pink in her wardrobe.

Piping · 嵌线

嵌线是一种装饰手法，有时需要在面料裁开的地方（比如扣眼）制作嵌线。对于女装，我喜欢制作嵌线扣眼。锁缝扣眼通常适用于男装。

嵌线的另一用途是突出线条，而且效果非常好，尤其是用在公主线上。嵌条的材质和颜色可以与主面料相同，也可以截然相反，与主面料形成鲜明对比。

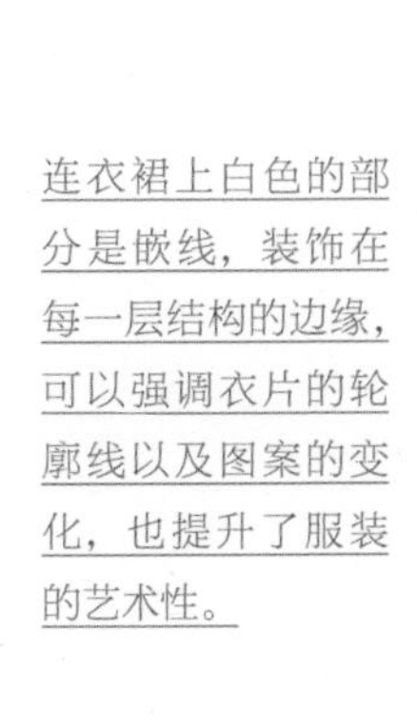

连衣裙上白色的部分是嵌线，装饰在每一层结构的边缘，可以强调衣片的轮廓线以及图案的变化，也提升了服装的艺术性。

这两款服装分别是压褶、荷叶褶与条纹图案的结合，面料表面的起伏使整齐排列的线条扭曲起来，生动活泼。在日常穿搭中可尝试此类单品。

Piqué · 凸纹提花布

凸纹提花布是一种好看的棉质面料，之前一直用于镶边，现在我们喜欢用它做衣服。近年来，凸纹提花布的品质大幅度提升，适合做西装和大衣。

用改良后的凸纹提花布作为领子、袖克夫的镶边或嵌条依然很好看。

Pleats · 褶裥

衣服上的褶裥历来是引人注目之处，这一点将来也不会变。我喜爱褶裥，因为它柔美、充满活力、富有动感。褶裥总是显得非常简洁，对此我特别满意，而且它还能减龄呢。

褶裥能让衣服更加饱满而不会显得臃肿，它能衬托出女性的窈窕身姿，无论是谁都会变得更美。

褶裥的形式多样，有箱型褶、风琴褶、活褶、倒褶、太阳褶，它们各有各的用法。

For years pleats have been and will continue to be a high point of fashion.

Pockets · 口袋

口袋原先是衣服的实用部件，如今却常用于装饰，或改变服装的外形。

口袋是强调胸部或臀部曲线的有效途径，比如在胸部或臀部加上两个长方形的口袋，很容易让人产生局部变窄的视觉效果。

口袋随时可以为你的衣服增添一抹亮色，比如在口袋里放一块质地轻盈的手帕。

口袋还有一个特点，就是可以为你解围：在你手足无措的时候，把手放在口袋里，感觉就没那么尴尬了。

Pockets are a very convenient way to emphasise a bust or hip line.

Princess Line · 公主线

公主线修长顺畅，能拉长身体线条，可以使身材微丰的女士显得苗条，个子娇小的姑娘显得挺拔，难怪大家都喜欢公主线！

这款连衣裙前片竖直方向的优美弧线就是公主线。公主线不仅在视觉上能瘦身，还能使服装更贴合人体曲线。

Purple · 紫色

紫色尊贵奢华，但它不显年轻，也不够欢快，所以用的时候要非常谨慎。

青春靓丽的少女穿上紫色羊毛大衣或紫色丝绒裙装会很美。紫色对肤色的要求也很高，我觉得穿紫色衣服最好看的往往是肤色很黑或很白的女性。紫色衣服的风险相当大，而且利用率并不高，因为你很容易感到厌倦。

And usually, I think,
it looks best on people who are
very dark or very fair.

“

Quality is essential to elegance. I will always put quality before quantity.

”

Quality · 品质

服装的品质是保持优雅的基本要素，我一贯重质不重量。

无论是购买成衣还是定制服装，一定要在你能力范围内选择品质最好的面料。一袭质地优良的衣裙足以胜过两三件廉价衣服。

选择优质面料算不上铺张浪费。无论是真皮手套或皮鞋，还是毡帽或连衣裙，要尽可能购买品质最好的，因为这些衣服、配饰能陪伴你很多年。

Whether you are buying or making clothes always choose the finest materials you can afford.

Quilting · 绗缝

冬季大衣用绗缝衬里会很温暖。如果你愿意，可以用连衣裙上的大红色或蓝色作为绗缝线色，与深色大衣形成鲜明的对比，增添活力。

不要用绗缝镶边，那会显得廉价。还有，任何形式的绗缝都不适合身材微丰的人。

这几年绗缝的裙子比较流行，我觉得十来岁的小姑娘穿这种裙子还是挺活泼可爱的，不过它算不上真正的优雅。

菱形格纹是最常见的绗缝图案，经典优雅、实用耐看。除此之外，波浪形、四边形、花形等样式都可供选择。

RAINWEAR—RIBBON

“

Real elegance is everywhere,
especially in things that don't show.

”

Rainwear · 雨衣

与其他功能性服装一样，雨衣的设计应化繁为简，去除一切不必要的线条。以往雨衣的用料十分单调，但现在有这么多好看的防水面料可供挑选，几乎所有材质都可以用来做雨衣。

不过，雨衣不能与普通外套一视同仁。雨衣的主要功能是防雨，因此它必须把你从上到下包裹得严严实实的，并且袖子也不能太宽。

Rayon · 人造丝

如今的人造丝面料本身就独具特色，而不是简单模仿其他面料的特性。我认为从这一点来说，人造丝非常好，有些面料只有用人造丝才能做得出来，比如某些缎子。不过，在以人造丝为替代品的情况下，比如将其当做真丝，那它当然相形见绌了。

Like everything functional,
the simple and necessary lines
of the raincoat are best.

Red · 红色

红色代表热烈，是一种充满活力、生机勃勃的色彩。我喜爱红色，它几乎适合任何肤色、任何时间穿着。

鲜亮的红色非常欢快、活泼，比如绯红、鲜红、深红、樱桃红，适合妙龄少女；而色调偏暗的红色可能更适合更为成熟的女性，身材微丰的女士穿这种色调的红衣服也很好看。

每个人都有适合自己的红。如果你不打算穿一身红，可以选择一件红色的配饰，比如穿一身黑或一身灰配一顶红帽子，乳白色连衣裙配红色重磅真丝领巾，或者灰色大衣配一把红伞，效果都不错。

我觉得冬天的红大衣非常美，因为看上去就特别温暖。如果你的连衣裙、套装都是中性色调，想必披上一件红色的大衣会很漂亮。

A very energetic and beneficial colour. It is the colour of life.

Ribbon · 丝带

小巧精致的丝带蝴蝶结一直是最受欢迎、最能体现女性温柔的装饰物，浑身上下没有一个蝴蝶结的女装可不多见。

你想要用什么样的材质、打多大的蝴蝶结都可以，我觉得系在连衣裙领口或腰间的蝴蝶结最迷人。

系蝴蝶结绝对需要运用艺术手法。你别想用一条皱巴巴的丝带系出一个完美的蝴蝶结。

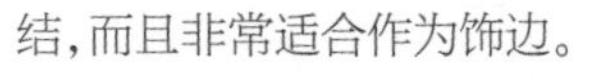

丝带不仅可以用来系蝴蝶结,而且非常适合作为饰边。除了给帽子镶边，你还可以用它来装饰袖子、袖克夫、套衫、开衫、领子和腰带。

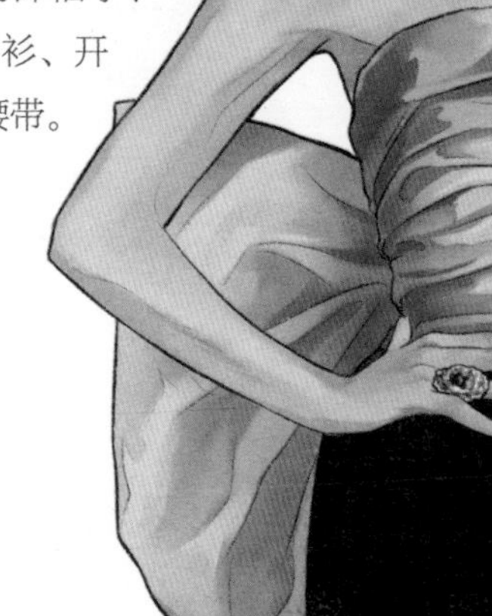

“

Simplicity, grooming and good taste the three fundamentals of fashion.

”

Sable · 黑貂

黑貂是裘皮之王。它雍容华贵，价格不菲，让人容光焕发。我喜爱黑貂。

Satin · 缎子

缎子光华璀璨，用来做晚礼服再合适不过了。它的颜色丰富多彩，风情万种。人造丝和真丝的品质不同，不过这两种缎子都很好，具体要看你怎么用。人造丝的手感偏硬，真丝的垂感更好。

The most glamorous and at the same time the most convenient of fabrics for evening dresses.

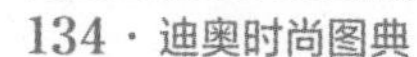

Scarves · 丝巾

在很多情况下，一套衣服的效果如何，最终取决于一条丝巾。你必须不断进行尝试，找出这条丝巾最适合你的佩戴方式。具体方法因人而异，适合别人的佩戴方式未必适合你。

丝巾对女人来说，就像男人的领带，丝巾的佩戴方式在某种程度上体现了你的个性。

丝巾最常见的使用方式是佩戴在脖子上。你也可以把丝巾系在手腕和包袋上，或者像图中模特那样将其作为头巾使用，能够增添一种酷飒的气质。

A scarf is to a woman what a neck-tie is to a man.

Seal · 海豹皮

海豹皮适合用来做轻便外套，尤其适合妙龄少女。不过可别用它来搭配真丝连衣裙或用料讲究的西装，那会显得不伦不类的。

Seasons · 季节

在时尚界，人们将一年分为三季而不是四季。秋季和冬季常常被合二为一，而春季和夏季的情况略有不同：一是假日期间有特殊的着装需求；二是春季温暖，服装用料较冬季轻薄。

春天和秋天因天气变化的确需要添置新装，夏天是度假的时候，当然也要准备相应的假日装。

More and more in the world of fashion, we divide the year into three seasons instead of four.

Separates ·分体装

我喜欢分体装，它们漂亮、青春、实用、活泼，女性不需要花费太多就可以变化出各种造型。

分体装尤其适合夏季，亚麻、棉、真丝或轻薄的精纺毛料皆宜。我将很多衣裙设计成上衣下裙，因为这种样式的利用率更高。

分体装可以配套穿着，上衣和下裙的颜色、用料也可以完全不同，但裙子通常应该搭配一条精致的腰带，特别是臀部合体、裙摆宽大的裙子。

穿着分体装出席正式的晚宴不太合适，我觉得它只适合度假胜地气氛轻松的休闲活动。

Shoes · 鞋履

为了挑选一双合脚的鞋子，花再多精力都不为过。很多女性对鞋子漫不经心，因为她们认为鞋子是穿在脚下的，无关紧要。然而，女性的优雅往往体现在她脚下的鞋子上。

鞋子的种类繁多，款式美观的不计其数，但你必须从中挑选与自己的着装风格相配的鞋子。船鞋是百搭款，可以与任何服装搭配。

我讨厌各种花里胡哨的鞋子，至于颜色，除非是为了搭配晚礼服，否则我不会看上五颜六色的鞋子。

鞋子有两大基本原则：一是用料必须上乘，真皮或麂皮皆可；二是款式必须简洁、经典。黑色、棕色、白色和藏青色无疑是最理想的颜色（不过穿白色鞋子会显得脚大）。

鞋跟的形状非常重要。鞋跟不宜太低，除非是在乡间或运动场上穿着；也不可太高，否则会显得俗气。无论鞋跟高低，最重要的还是舒适合脚。如果鞋子不舒服，你连路都走不好，衣裙再漂亮也无济于事。

如果你的脚很大，不必试图掩盖事实；但你可以找一双能显得脚窄的鞋。脚面狭长会更好看。

You can never take too much care in selecting shoes.

Shoulderline · 肩线

自然肩线已经流行很多年了。我并不喜欢方正平直的肩线，它们气势凌厉，缺乏女性的温柔感。

肩线的流行趋势每年都会略有变化，但对于腰肢不够纤细的女性来说，稍微加点垫肩总不会错，因为宽肩能显得腰细。

肩部是否合体对于服装来说至关重要。如果一件西装或大衣的肩部不合身，我建议你就别买了。

A perfect fit on the shoulders is vital for any garment.

Silk · 丝绸

丝绸是面料中的女王。它巧夺天工，拥有大自然赋予的最高品质，美丽、温柔、妩媚。

从白天到夜晚，你可以穿着丝绸午后装、晚礼服，大方得体地出席各种场合；回家后再换上丝绸寝衣，从午夜到清晨，一夜好眠。

丝绸可以制成各类服装，比如合体西装、衬衫式连衣裙、垂坠的褶裙、漂亮的小礼服和华丽的晚礼服。

丝绸西装很迷人，无论是印花面料还是素色面料，无论是经典的合体款还是精致的午后装。

丝绸外套很好看，最近流行的丝绸风衣飘逸出尘，重磅真丝的修身外套优雅得体。

丝绸面料适用范围广，衬衫、衬里、内衣，里里外外都能穿，充满魅力。

像这样一条颜色靓丽、设计简洁的丝绸连衣裙十分百搭；搭配外套可以作为日装，单穿则适合出席隆重的晚宴。

The most enchanting with all the qualities Nature gives to things that we cannot make ourselves.

Skirts · 裙子

对于腰肢纤细、臀部窄小的女性来说，穿什么样式的裙子都很好看。大部分人只能挑选一款适合自己的裙子，不是宽摆裙，就是直身裙，选定之后，以此为准。

裙子的样式越简单，越讲究剪裁合体。修身的同时必须保证一定的活动量，裙子太紧身以至于举步维艰可不行。无论流行哪种样式，衣服必须让人感觉舒适，活动自如。

宽摆裙也需要讲究剪裁，以免腰部面料堆叠，外形臃肿。出于同样的原因，喇叭裙或褶裥裙往往比碎褶裙的效果更好。如果臀部较为丰满（或是需要强调腰部），最好通过衬里控制裙摆宽度，而不是盲目增加面料的用量。

相对来说，褶裥裙比宽摆裙更好，因为它可以在保证活动量的情况下，在外形轮廓上保持直身裙的效果。

Like everything in fashion
your clothes must always give you
the feeling that they are easy to wear.

如果你想要将丝袜上精致的刺绣图案展示出来，可以选择短裙、短裤，或是开衩款式的服装来进行搭配。

Stockings · 丝袜

丝袜是尼龙的天下。丝袜的品质必须有保证，这是基本常识。丝袜的颜色要与你的肤色相配。当然，颜色越深，越显瘦。

白天和夜晚，尼龙丝袜的厚度要有区别：夜晚的丝袜应该更轻薄、更细腻。

Try to find a shade which matches with your skin.

Stoles · 长围巾

长围巾有两种用途：一是在你穿着露肩裙的时候，用于遮挡肩部；二是如果你身穿连衣裙走在街上感觉略有寒意，可以把它像外套一样随意地披在身上御寒。

如果你懂得打扮，可以将长围巾优雅地披挂在身上，它能为你增添魅力。但胡乱在衣服外面披一条围巾会适得其反，所以，如果你不知道怎么佩戴长围巾，还不如不用它呢。

长围巾的材质和颜色可以与衣服的用料相同，也可以截然相反，与衣服形成鲜明对比。在夜晚，质地轻盈的薄纱或欧根纱显得柔美动人，裘皮围巾令人感觉温暖、雍容华贵。

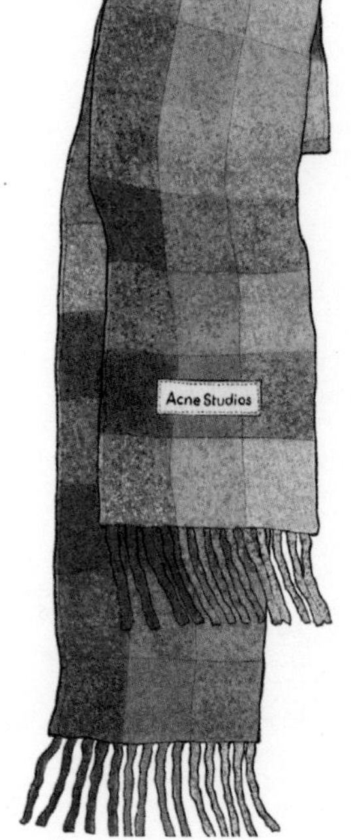

If you cannot wear a stole well, leave them alone.

Stripes · 条纹

条纹是一种非常好看而又实用的图案，但条纹面料的制作难度较高，因为衣服各个部位的条纹图案必须对齐，面料的纹理方向必须一致。

如果你沿着竖条纹方向裁剪面料，会显得非常苗条；但由于衣服上有省道，而且身体曲线起伏不平，制作难度很高。

横条纹看上去非常美，不过身材微丰的人穿上横条纹的衣服会显得又矮又胖。

我建议：在你没有把握的情况下，千万不要尝试条纹图案；如果你用条纹面料做衣服，绝对不要拿不配套的图案作为镶拼料。

大家都知道，条纹的宽度必须与人的身材相配：细条纹适合身材娇小的女性穿着，反之亦然。

Of course it is common sense to say that the width of the stripe must be according to your size.

Suits · 西装

从 20 世纪初开始，西装在女装中逐渐占据了重要地位。时至今日，西装也许已成为对女性而言最重要的一款服装。

女性的西装来源于男性的西装，但我并不喜欢将它设计得像男装一样硬朗，无论是用料还是版型，女装都应与男装截然不同。

从早到晚，一套西装足以应对日常生活中的各种场合。不过，夜里别穿西装，我觉得西装不适合出席晚宴。

都市女郎的日装首选光滑平整的深色面料。如果你穿黑色最好看，那就选一套黑色的西装吧！“黑色小西装”既优雅又实用，简直无懈可击。

仅次于黑色的是灰色和藏青色，退而求其次，可以选择墨绿色。

如果你需要奔波于都市和乡村之间，想找一套衣服应付这种“双重生活”，最实用的无疑是灰色西装。

The 'little black suit' cannot
be beaten for elegance and usefulness.

如果你需要一套适合乡村生活的西装，最好选择闻名遐迩的英式斜纹软呢。英国女士最会穿斜纹软呢了，但在款式上过于刚硬，比较男性化。斜纹软呢服装在设计上不需要玩花样，中规中矩即可；但也不必矫枉过正，做成男装样式。

夏季穿亚麻凉爽舒适，都市女郎同样可以选择深色系，白色或浅色调更适合乡村休闲、海边度假。

亚麻修身西装很漂亮，像毛料西装一样，简洁、经典的款式最优雅。真丝面料制成的午后装很迷人，现在非常流行色彩鲜艳的印花真丝面料。如果要出席英国皇家赛马会、皇宫花园派对或夏天的“蜜月旅行”欢送会等特殊场合，我建议你穿真丝西装。

我个人更喜欢女性穿西装而不是修身短外套，不过如果你更喜欢短外套，不妨来一件宽松的。

Second to black come grey and navy; and then a dark green.

“

The accent must always have the touch of your personality.

”

Taffeta · 塔夫绸

塔夫绸很美，适用于小礼服或晚礼服。塔夫绸的用量要充足，将裙摆撑得非常大，否则容易显得这条长裙很廉价。

塔夫绸也可以用于衬衫，但它手感有点硬，只适合晚间穿着。

Tartan · 苏格兰格子呢

苏格兰格子呢可能是唯一一种永不落伍的时髦面料，它会以不同的形状或形式出现在每个季节，始终充满青春的活力。

不过你要注意：苏格兰格子呢的传统用法当然是制作苏格兰裙，用在其他地方就会感觉有点夸张。

格子图案就是另一回事了，你可以设计不同的配色和格型，但唯有苏格兰格纹的配色与格型最经典。

Tartan is perhaps the only one of the fancy materials which is perennial.

Travelling · 旅行

现代人的生活方式和旅行方式不断推陈出新，空中飞行早已司空见惯。我们的祖辈旅行时曾经需要用大大小小的箱子装满各种衣物配饰，而我们携带的行李与之大相径庭。

如果你经常外出旅行，特别需要轻便、不易皱、不会占据太大空间的衣物。

旅行时穿着的衣服应以舒适和抗皱为主。最实用的冬季服装莫过于一件经典的驼毛大衣、一袭羊毛连衣裙，夏季旅行则需要一件亚麻小西装。

Nothing is more practical than a classic camel-hair coat with a wool day frock in winter and a linen suit in summer.

Trimming · 花边

花边的确非常迷人，但千万别以为一件衣服装上花边就会变美。对衣服来说，最重要的是剪裁得当，繁琐的花边通常会成为画蛇添足。

在服装设计的最初阶段就应该将花边考虑进去，到了最后才想起来恐怕为时已晚。

与浪漫的蕾丝花边相比，这款衬衫上装饰的花边形态简约优美，能体现穿着者优雅知性的气质，既适合出游，又适合通勤。

A good cut is essential and too much trimming is always wrong.

Tucks · 塔克

在20世纪二三十年代，塔克曾经风靡一时。现代高级时装艺术注重形体的塑造，讲究利用面料的纹理，但塔克依然风采不减当年，塔克衬衫、轻盈的绉纱或雪纺连衣裙都很美，衬衫式连衣裙尤其迷人。

塔克是一种装饰结构，是指将面料折叠缉缝，并将折叠余量置于面料表面，从而使服装表面产生变化，表现出层次感和线条感。

Tweed · 斜纹软呢

在所有英式面料中，最受欢迎的是斜纹软呢。世界各地竞相仿制斜纹软呢，但始终无法超越其原产地英国所产的面料品质。

近年来，斜纹软呢的应用范围已经扩展到休闲便装。我觉得斜纹软呢便装极为优雅，是乡村必备款。

以前的斜纹软呢面料相当厚重，如今在面料的厚度、品质和配色上都有了很大的挑选余地。

I think they are extremely elegant. To wear them in the country is a 'must'.

"

Umbrellas are now used more like an accessory than a necessity.

"

Umbrellas · 伞

现代生活如此便捷，伞更像是装饰品，而非必需品。不过，如今在大城市中停车越发艰难，伞的实用性也会逐渐回升吧！

若要做到真正的优雅，伞不应过于花哨。我喜欢竹制、皮革或木制的伞柄，伞面应与手袋、手套等配件搭配。

备一把可以更换伞面颜色的伞是个好主意，你可以根据自己的装束从中挑选合适的伞面。

Underskirts · 衬裙

真丝双绉轻盈柔软，是修身衬裙的理想材质。至于蓬蓬裙，最好用轻纱做衬裙，它会随着你的脚步若隐若现，令人浮想联翩。

衬裙富有女性魅力，你要像对待外穿的礼服一样，精心挑选它的颜色和材质。

衬裙的剪裁也很讲究，因为一袭礼服是否美观，往往以衬裙为先决条件。

To be really elegant
an umbrella should not be too fancy.

Variety · 变化

“天天穿新衣，日日换新颜”无疑是每位女性的梦想，但从经济上来看，这种想法不切实际，而且我觉得这样做未必是件好事。

看见一位女士身穿一袭漂亮的衣裙，风姿绰约，你必定希望她以同样的装束再次映入眼帘。

如果你很喜欢某件衣服，肯定会经常把它穿在身上。我常说，重质不重量，衣服少一点没关系，但品质要好一点。配饰、丝巾、鲜花或珠宝，能让平凡朴素的衣裙变得生动鲜活。

You can always give variety to your basic suit and frocks with accessories, scarves, flowers or jewels.

面纱常见于一些盛大的场合，比如在婚礼上，新娘会佩戴做工精致的白纱，而女性来宾则可以佩戴装饰有面纱的小礼帽。

Veils · 面纱

面纱会产生朦胧的美感，但不一定能减龄。戴面纱的时候要小心了，它更适合成熟女性，并不适合妙龄少女。

面纱的样式以简洁为宜，我不喜欢花里胡哨的网纱。面纱不必太厚，圆点或不加装饰的素面网纱皆可。

面纱的颜色与你的发色相同会非常协调，即使帽子是黑的也不要紧。色彩鲜艳的面纱并不好看，别指望靠它增添魅力。

Veils of the same colour as your hair are often very nice, even with a black hat.

Velvet · 天鹅绒

没有哪种面料能像天鹅绒一样妩媚动人，它能衬托你的肤色，让你显得更娇美。用天鹅绒镶边或做衣领可以彻底改变衣裙的整体风格，贴近皮肤的部位用天鹅绒能给衣服锦上添花。

我喜欢用天鹅绒镶边，并非仅限于冬装，天鹅绒四季皆宜，用它配亚麻很好看，配欧根纱也不错。

No material is more flattering than velvet.

天鹅绒长裙和天鹅绒大衣也都很美，但过了三月一日就不再适合穿天鹅绒了，它是典型的冬季面料。黑色天鹅绒非常显瘦，彩色天鹅绒要穿得好看可不容易，不过所有深色珠宝色系的天鹅绒都很美。浅色天鹅绒比较少见，也不太实用，因为不耐脏，虽然很漂亮，但有点奢侈。

天鹅绒晚礼服雍容华贵，不过要注意：它略显老气。

我非常喜欢用黑色天鹅绒做午后装，可以在领口加一抹白色，温柔、甜美，各个年龄层的女性都能因此魅力大增。

Coloured velvets are more difficult to wear, but all the dark jewel colours are charming.

Velveteen · 平绒

我喜爱平绒布，主要用它做宽松的大衣和短外套，因为平绒不太好裁剪。平绒容易显胖，除非你非常苗条，否则别用它做合体的西装或修身的大衣、连衣裙。

在晚礼服外面披上一件平绒斗篷会非常俏丽，让它从你的肩部垂坠而下，线条流畅优美。

Velveteen can make gorgeous evening capes – loose ones hanging from your shoulders in a lovely line.

"

When you follow Nature
for your colour schemes
you can never go far wrong.

"

Waistcoats · 马甲

如果你穿西装时不想搭配衬衫，可以改穿马甲，转换一下形象。马甲非常实用，也很好看。它能为你的西装增添一抹亮色，也许丝巾也有同样的功效，但马甲干净利落，穿上它，你可以解开上衣纽扣。

黑色西装朴实无华，搭配一件彩色格纹马甲就活泼多了，你也可以用真丝或羊毛面料做件马甲。

马甲除了与西装和西裤搭配成套穿着以外，还可以搭配休闲衬衫、长丝巾和贝雷帽，打造文艺随性的复古风格。

Waistline · 腰线

对于女装而言，腰线至关重要，因为它决定了连衣裙或西服套装的整体比例。每个女人都梦想自己身材苗条，腰肢纤细，曲线玲珑，充满魅力。

腰线的位置有时会因流行趋势而发生变化，但我以为应遵循自然，其实腰线保持在原来的位置才是最美的。

不过，如果你的腰线偏低或偏高，可以适当调整上下身比例，在胸部与腿部之间找到最合适的腰线位置，用腰带、省道或纽扣作为标记，让人产生错觉。记住这个最佳位置，在你挑衣服的时候同样以此为准。

如果你的腰线偏高，就别把腰带系得太高，不然会把别人的视线吸引到你的上半身。露肩裙的领口线也不宜太平坦，你更适合穿深 V 领。

反之亦然。如果你的腰线偏低，腰带要宽，露肩裙的开口要大、领口线要长。用腰带来强调腰线通常效果非常好，重点是掌握好腰带的长度，垂下来一大截真是太难看了。

Sometimes fashion has changed the place of the waistline, but I think the natural place is really the best.

The Way you Walk · 仪态举止

以前，女孩子们要学习如何行走，我非常赞同这种教育方式。如今很多女人应该回到学校重新学习行走的仪态，因为人的走姿至关重要。

有许多女性因为自身的魅力闻名遐迩，她们相貌平平，但举手投足气质高雅。要做到姿态端庄、脚步轻盈并非易事。

有些人的优雅与生俱来，如果你没有这种天赋，就需要培养自己的气质。一个人整天无精打采，坐没坐相，站没站相，再漂亮的衣服也会很快皱皱巴巴，像块抹布，毫无形象可言。

Weddings · 婚礼

如果你作为重要人物出席一场婚礼，必须郑重其事，精心打扮一番。这并不是说让你造型夸张，拖着长长的裙裾，与新娘子抢风头。

当然，究竟穿什么衣服要看举办婚礼的场地是乡间草地、都市礼堂还是其他地方，周围环境如何等。

我觉得真丝或精纺毛料是最佳选择，别穿花样过于精致繁琐的织锦缎。我一直主张衣服以简洁大方为宜，你可以花点心思在配饰上，借此彰显自己的特殊身份，与普通宾客有所区别。

伴娘通常穿礼服裙，如果伴郎穿燕尾服，伴娘应选择长款礼服裙。我不赞成在礼服裙外面穿大衣，不过如果天气寒冷，可以配一条长围巾或短款的裘皮外套。

普通宾客可能也想打扮得很特别，但你可别过于招摇，喧宾夺主，盖过了新娘的风头。一般来说，最合适的颜色是棕色、灰色，也可以加一点点绿色和中蓝色。

如果你要佩戴一簇鲜花，那就少戴点首饰，不然看上去就像一棵圣诞树！

If you are playing a part in the ceremony you have to make an effort and be dressed especially for it.

White · 白色

白色在夜晚看上去比其他颜色更美，每场舞会都会出现一两件特别漂亮的白色晚礼服。白色纯洁简单，朴实无华，搭配什么都很和谐。在白天，白色服饰需要小心呵护，必须保持纤尘不染，毫无瑕疵。如果你做不到这一点，那就干脆别穿了。

白色的领口和袖口、白色的领结、白色的纽扣、白色的帽子或手套……洁白无瑕的衣饰能立刻给人以仪表堂堂、打扮得体的感觉。

If you cannot keep it so it is better not to have it.

Winter Sports · 冬季运动服

在冬季服饰中，冬季运动服的地位越来越重要。关于真正的运动服我没有什么发言权，我只想说，方便实用、款式简洁的运动服才能称得上真正的优雅。

我喜欢沉稳的深色运动服，如果你想要增添活力，围巾、手套、帽子可以选择鲜亮的颜色。滑完雪后的运动服应该欢快、简洁、活泼，腰带和配件可以花哨一些，但也要注意格调。我讨厌奇装异服，冬季运动服和沙滩装一样，并不是化装舞会服装。

Winter sports have to be convenient and simple to be really elegant.

Wool · 羊毛

在纺织品领域，羊毛面料与真丝面料可谓平分秋色。无论是便装还是盛装，羊毛面料都能胜任，唯一的例外是舞会礼服。羊毛面料种类繁多，有的质地细腻，有的纹理粗犷；色彩丰富，有深有浅，有明有暗；还有平纹、斜纹等各种织造方式。羊毛与真丝一样，具有天然纤维的优良特性。

裁剪羊毛面料之前需要进行预缩，以免事后难以补救。与其他面料相比，羊毛面料的最大优点是可以通过熨烫定型，这也是为什么它适用于西服套装或非常合体的裙装。

面料的可塑性越高，裁剪合体服装时所需的省道越少。因此，羊毛面料在近现代服装行业得到广泛应用，无愧于当代面料之典范。

The more you can mould a material the less darts are needed to make the garment fit.

“

You can never really go wrong if you take nature as an example.

”

Xclusive · 独一无二

现在大概没有什么衣服可以称得上独一无二了。随着现代化的生产方式和复制模式的发展，几乎不可能做到专门为某一个人定织面料、设计服装，这种做法极为奢侈。

坚持自我才能做到独一无二。你要发掘自身，找到与众不同的个性，才能脱颖而出。

你还要返朴归真，保持本心。我从不看好虚伪浮夸，矫揉造作。

也许你的丝巾是大路货，但只要你的佩戴方式独具一格，依然可以使它成为独一无二的装饰品。这是个人风格，与丝巾的价格无关。

当然，自己设计的服装更容易做到与众不同，但这并不意味着它的价值更高。

And always you must be natural.
I never like sophistication.

Xtravagance · 奢靡

奢靡是优雅的反义词。优雅可以是大胆创新，但绝不等于奢靡，因为铺张浪费意味着没有品味。

与其穿着打扮奢侈浪费，还不如简单朴素，即使不合时宜，也不会有大错。

Yellow · 黄色

黄色充满青春活力，代表天气晴好，阳光灿烂。黄色十分漂亮，四季皆宜，适用于连衣裙和各种配饰。不过，发色浅淡或肤色苍白的人需要与黄色保持一定距离。我并没有说必须将黄色统统拒之门外，浅黄色还是可以的，但明亮的金黄色就留给深褐色头发的人吧。

与其他颜色一样，每个人都要花点心思才能找到适合自己的黄色。

Elegance may be audacious
but it can never be extravagant
because extravagance is bad taste.

Yoke · 育克

育克可以使衣服的上半身更饱满，同时保持平坦的肩线。

对于腰节较长的人来说，育克非常好用，因为它可以分割线条，调整比例。对于胸围较大的人来说，育克同样有效，因为它可以衬托丰满的胸部。

我建议身材娇小的女子不要用育克，最好还是选择连衣裙和大衣这类线条纤长的款式，别把衣服横向分割开。

育克是指在某些款式的前后衣片上方横向剪开的部分，多用于衬衫和短外套的设计中。图中的育克结合褶裥工艺，增加了服装的层次感。

Young Look · 年轻的打扮

年轻的打扮非常适合年轻人。女人到了一定的年龄，应该关心如何保持优雅，而不是假装年轻。

有些东西只适合年轻人：彼得·潘式衣领、苏格兰式格子裙、绗缝裙、褶裥，还有某些棉布。当然，有些东西完全不适合年轻人：面纱、织锦缎、黑色、灰色和紫色蕾丝、层层叠叠的装饰，还有大量的羽毛。

After a certain age it is better for you to concentrate on an elegant look rather than a young look.

Zest · 热情

我很高兴用这个词为本书收尾。

无论你做什么事情，不管是工作还是娱乐，都应该充满热情。生活中应该处处充满热情，这也是美丽和时尚的秘诀。

缺乏热情的美毫无吸引力。

缺乏精心呵护的时装无法维持良好的状态。设计师在服装设计中投入热情，裁缝在裁剪缝纫中投入热情，你也要在穿着打扮中投入热情。

There is no fashion which is good without care, enthusiasm and zest behind it.